JULIANE ROSIER

DU BIST DER UNTERSCHIED!

Wie du mit deiner Arbeit die Welt verbesserst

V&R **SELF**

Mit 9 Abbildungen

Bibliografische Information der Deutschen Nationalbibliothek:
Die Deutsche Nationalbibliothek verzeichnet diese Publikation in der
Deutschen Nationalbibliografie; detaillierte bibliografische Daten sind im
Internet über http://dnb.de abrufbar.

© 2022 Vandenhoeck & Ruprecht, Theaterstraße 13, D-37073 Göttingen,
ein Imprint der Brill-Gruppe
(Koninklijke Brill NV, Leiden, Niederlande; Brill USA Inc., Boston MA,
USA; Brill Asia Pte Ltd, Singapore; Brill Deutschland GmbH, Paderborn,
Deutschland; Brill Österreich GmbH, Wien, Österreich)
Koninklijke Brill NV umfasst die Imprints Brill, Brill Nijhoff, Brill Hotei,
Brill Schöningh, Brill Fink, Brill mentis, Vandenhoeck & Ruprecht, Böhlau,
V&R unipress.

Innengestaltung nach einem Entwurf von Hagen Verleger, Berlin
Umschlaggestaltung: Buchgut, Berlin, nach einem Entwurf von
Hagen Verleger
Grafiken: Tanja Oldach
Satz: SchwabScantechnik, Göttingen
Druck: BELTZ Grafische Betriebe GmbH, Bad Langensalza
Printed in the EU

Vandenhoeck & Ruprecht Verlage | www.vandenhoeck-ruprecht-verlage.com

ISSN 2750-6568
ISBN 978-3-525-46288-1

Inhalt

Einleitung 6

KAPITEL EINS
Hilfe, mein Job ist ohne Sinn! 15

KAPITEL ZWEI
Unsere Arbeitswelt heute 37
Eine Innenschau: Krisen, Megatrends und aktuelle
Herausforderungen 42
    Krisen 43
    Die zwölf Megatrends 46
    Herausforderungen 71
Die Unzufriedenheit wächst 83
Die Bedeutung von Sinn für einen Job 93
Fazit: Wir brauchen dringend einen Wandel! 102

KAPITEL DREI
Die Arbeitswelt 2030 111
Warum wir eine Utopie brauchen 114
Wie die Arbeitswelt 2030 aussehen kann 121
Was sich konkret verändern muss 137
Fazit: Wir brauchen möglichst viele Menschen mit einem
sinnvollen Job 141

KAPITEL VIER
Die Zukunft der Arbeit fängt bei dir an 147
Wie du zu einer besseren Welt beiträgst 152
Die Skills der Zukunft 154
    Selbstverantwortung und Eigeninitiative 155
    Veränderungsbereitschaft 155

Lebenslanges Lernen 156

Digitalkompetenz 157

Empathie und emotionale Intelligenz 158

Vorwärtsgewandtheit und Zukunftsorientierung 162

Achtsamkeit und Resilienz 164

Das richtige Mindset ist entscheidend 166

Fazit: So stellst du dich zukunftsfähig auf! 175

KAPITEL FÜNF

Wie du einen Job findest, der für dich sinnvoll ist ... 181

Berufswahl in einer multioptionalen Welt 189

In sieben Schritten zu einem Job mit Sinn 197

    Schritt 1: Reflect! 204

    Schritt 2: Who? 207

    Schritt 3: Why? 218

    Schritt 4: How? 222

    Schritt 5: What? 224

    Schritt 6: Test! 229

    Schritt 7: Act! 235

Fazit: Los geht's! 246

KAPITEL SECHS

Sei mutig und zuversichtlich – ein Plädoyer 253

Dank 260

Quellen 262

Literaturempfehlungen 271

Anmerkungen 273

Für Papi

Einleitung

Die Generation Y, also die Generation der in den frühen 1980er bis späten 1990er Jahren Geborenen, ist krisenerprobt: Terroranschläge wie der 11. September, die globale Finanzkrise, die europäische Flüchtlingskrise, die Afghanistan-Krise, die Coronapandemie, der Krieg in der Ukraine sowie die Klimakrise, mit ihren vielschichtigen Folgen wie dem Artensterben und regionalen Auswirkungen wie neuen Hitzerekorden und Hochwasserkatastrophen, gehören – um nur einige zu nennen – für die Millennials zu ihrer Lebenswirklichkeit. Wir stellen zunehmend fest: Sicher ist eigentlich gar nichts mehr! Und das erleben wir auch in der Arbeitswelt: Neben der Verlagerung von Produktionsstätten ins Ausland kommt es immer wieder zu Stellenabbau und Massenentlassungen. Zusätzlich beeinflussen technische, wirtschaftliche und gesellschaftliche Entwicklungen unsere Arbeitswelt, z. B. die Globalisierung, die Digitalisierung und mit ihr der Einsatz von künstlicher Intelligenz sowie der durch den demografischen Wandel bedingte Fachkräftemangel.

Dass im Grunde nichts mehr sicher ist, wissen wir also. Krisen gehören zu unserem Alltag, und das macht was mit uns. Das Paradoxe ist: Auf der anderen Seite waren wir in Deutschland und den westlichen Ländern noch nie so sicher wie heute. Doch die Krisen haben eine neue Qualität bekommen. Während die Menschen sich früher hauptsächlich von Kriegen, Krankheiten und Hunger bedroht fühlten, sind die Krisen heute subtiler. Nur die wenigsten von uns bangen glücklicherweise um ihr nacktes Überleben, aber viele von uns kennen Zukunftsängste. Der russische Angriff auf die Ukraine, ein Krieg mitten in Europa, hat uns dies sehr deutlich vor Augen geführt. Fassungslos blicken wir auf solche Geschehnisse und spüren unsere Machtlosigkeit. Auch wenn wir in Deutschland nicht akut einem Angriff ausgesetzt sind, fühlen wir uns angesichts der größten Veränderung der geopolitischen Lage in Europa seit dem Zweiten Weltkrieg in unseren gesellschaftlichen Grundwerten bedroht und fragen uns erschüttert, was da weltpolitisch wohl noch auf uns zukommen mag. Und genau hier liegt das Problem: Die akute Angst aktiviert ungeahnte Kräfte in uns Menschen und fordert uns zum sofortigen Handeln auf (Flucht oder Kampf) – das können wir an der ukrainischen Bevölkerung beobachten. Der eine Teil, überwiegend Frauen und Kinder, brachte sich in Sicherheit, während ein anderer Teil sich todesmutig den russischen Angreifern entgegenstellt und das eigene Land verteidigt. Hier in Deutschland waren die jüngeren Generationen zum Glück noch nie einer solchen Situation ausgesetzt, und doch kennen auch wir das Gefühl der Angst. Dann ist es in der Regel aber weniger akut, sondern vielmehr latent mitschwingend und äußert sich eher in einer Art Schockstarre: Wir hadern zwar mit dem, was da wohl noch kommen mag, und machen indessen erst einmal nichts. Wir hassen z. B. unseren Job, und doch kündigen wir nicht. Denn im Hier und Jetzt geht es uns dafür immer noch zu gut. Unser Kühlschrank ist voll, wir haben ein Dach über dem Kopf und immerhin eine Arbeit, die uns ermöglicht, dieses zu bezahlen, und vielen erlaubt, noch dazu ein- bis zweimal im Jahr in den Urlaub zu fahren.

Und dennoch drängt sich die Frage auf: Warum agieren wir in unserer latenten Unzufriedenheit nicht freier? Warum halten wir bei unserer Berufswahl an der vermeintlichen Sicherheit fest? Schließlich ist Sicherheit durchweg der primäre Grund, warum Menschen nicht ihrer Berufung nachgehen. Das bekomme ich in meiner Arbeit, in der ich seit vielen Jahren Menschen in ihrer beruflichen Entwicklung begleite, regelmäßig gespiegelt. Die Antwort auf die Frage, warum uns Sicherheit im Job so wichtig ist, liegt in unserem Mindset verborgen. Zu lange wurde uns eingebläut, dass nur das Beamten- und Angestelltendasein sicher ist. Als ich mich nach der Schule um eine Berufsausbildung in einem DAX-Konzern bewarb, hieß es: »Wenn du es da rein schaffst, hast du ausgesorgt!« Heute sehen wir anhand von vielen Beispielen, dass ein Arbeitsvertrag bei einem großen Unternehmen mitnichten ein Garant für ein Beschäftigungsverhältnis bis zur Rente ist. Ganz davon abgesehen, dass das für die meisten von uns ohnehin nicht mehr attraktiv ist. Und unsere Rente? Na ja, damit sieht es sowieso nicht so rosig aus, sofern wir uns nicht selbst um eine hinreichende Altersvorsorge kümmern und privat die zwangsläufige Rentenlücke stopfen.

Instinktiv spüren wir Millennials, dass einiges nicht richtig läuft. Schon längst lebt ein nicht unbedeutender Teil von uns eher minimalistisch, Tendenz steigend. Zu viel Besitz empfinden wir als Ballast, und warum etwas kaufen, wenn man es dank der Share-Economy auch mit anderen teilen kann? Das ist ja auch viel nachhaltiger, denn zu unseren brennendsten Zukunftsfragen gehört, was wir gegen den Klimawandel unternehmen können. Manche von uns haben deshalb schon vor Jahren ihren Fleischkonsum eingeschränkt und ernähren sich vegan, vegetarisch oder zumindest flexitarisch. Schauen wir in die Zukunft, fragen wir uns, ob wir in ein paar Jahren noch in einer lebenswerten Welt leben und welche Folgen des Klimawandels wir konkret zu spüren bekommen werden. Solche Überlegungen beginnen meist im Privaten, schwappen dann aber irgendwann auf den Job über. Das ist der Moment, in dem wir möglicherweise feststellen, dass das Unternehmen, für das wir arbeiten, nur auf Gewinnmaximierung auf Kosten anderer aus ist, dass das, was wir selbst im Job tun, nicht sinnvoll ist und in keiner Weise dazu beiträgt, die Welt zu einem besseren Ort zu machen; dass die drängendsten Fragen unserer Zeit nicht angegangen werden: von uns nicht und nicht von denen, die (gesellschafts-)politisch und wirtschaftlich an den entscheidenden Positionen sitzen. Im Gegenteil: Oft werden sie sogar verharmlost oder gar geleugnet. Problem? Welches Problem? Und schwupps ist sie da: die Sinnkrise.

Lange Zeit haben wir die Augen verschlossen vor dem, was passiert und was nicht passiert. Zu bequem war es in unserer Komfortzone. Doch steter Tropfen höhlt den Stein. Mit jeder neuen Krise werden wir wacher. Unsere Verletzlichkeit und die Fragilität der bestehenden Systeme werden uns bewusster – sei es im internationalen Warenverkehr, der weltweiten Finanzpolitik oder Ernährungslage, um nur einige Beispiele zu nennen. Unsere Intuition lässt uns hier nicht im Stich. Wir spüren, dass vieles von dem, was wir und andere tun, keinen Sinn ergibt. Plötzlich ist die Zeit da, unser Handeln zu hinterfragen. Wir werden skeptisch, stellen Fragen, unsere innere Stimme wird lauter, sie sagt: So geht es nicht weiter. Wir müssen etwas ändern! Jetzt. Auf einmal erwacht der Wunsch, dem Lauf der Welt eine sinnvollere, nachhaltigere und menschlichere Richtung zu geben. Ist diese innere Erkenntnis erst einmal da, können wir nicht so weitermachen wie bisher. Wir müssen uns auf die Suche nach Antworten begeben: Wie können wir unsere Welt zu einem besseren Ort machen?

Die Herausforderungen sind groß, bestehen auf nahezu allen Gebieten und sind für Einzelne nicht zu bewältigen: Von gesellschaftlicher Teilhabe, Chancengleichheit bis zu einer nachhaltigen Klimapolitik reichen die zahlreichen Aufgaben, derer wir uns annehmen müssen. Das bedeutet aber nicht, dass der oder die Einzelne keinen Unterschied machen kann. Im Gegenteil, oft braucht es eine*n Impulsgeber*in, der oder die den Anfang macht und andere motiviert mitzumachen. Wenn wir wirklich etwas verändern möchten, müssen wir uns jedoch zusammenschließen. Das Streben nach purer Selbstverwirklichung und nach Individualität muss Platz machen für eine Wir-Kultur und ein Denken aus dem Kollektiv für das Gemeinwohl. Doch ein Kollektiv braucht Diversität und so sind wir schnell beim nächsten Thema, bei dem in den wirklich wichtigen Debatten noch viele Fragen ungelöst sind: Fragen rund um das Thema Diversity und wie wir die Vielfalt in unserer Gesellschaft fördern, eine gesetzliche Frauenquote etablieren und den Abbau des Gender-Pay-Gaps, also das Lohngefälle zwischen Mann und Frau, hinbekommen. Zu einer zufriedenstellenden Lösung ist es in diesen Fragen noch nicht gekommen. Das frustriert. Die Möglichkeiten sind da und doch geht es nur mühsam voran, wenn es denn vorangeht.

Hat die Generation Y mit ihren Forderungen nach mehr Freiheiten und flexiblen Arbeitszeitmodellen die

New-Work-Bewegung anfangs angetrieben, geht die Generation Z der Post-Millennials der zwischen 1997 und 2012 auf die Welt Gekommenen einen entscheidenden Schritt weiter. Sie fordert Klimagerechtigkeit und ein höheres Umweltbewusstsein. Das tut sie nicht leise, sondern lautstark mit Fridays for Future auf den Straßen dieser Welt. Millionen von jungen Menschen gehen regelmäßig demonstrieren und setzen ein Zeichen im Kampf für eine bessere Zukunft. So findet auch in anderen Generationen immer mehr ein Umdenken und ein Bewusstseinswandel Richtung Nachhaltigkeit statt, der sich auf die Wirtschaft auswirkt. Unternehmen, die sich nicht um Klimaneutralität bemühen oder denen nachhaltiges Handeln nicht wichtig ist, werden es in Zukunft schwer haben, ihre Produkte zu verkaufen, und im Wettbewerb um die Nachwuchs- und Fachkräfte auf dem Arbeitsmarkt häufig den Kürzeren ziehen. Mit steigendem Bewusstsein für die Verantwortung, die man für sein eigenes Handeln trägt, wird für solche Unternehmen in Zukunft niemand mehr arbeiten wollen.

Doch damit steht auch schnell die Frage im Raum, worin eigentlich die eigenen Stärken bestehen und wo man sich beruflich am besten einbringen kann – ohne dabei gegen die eigenen Werte zu verstoßen. Das ist der Moment, in dem die Menschen zu mir kommen und ein Job- und Karrierecoaching buchen, um Klarheit in das eigene Gedankenwirrwarr zu bringen. Sie können nämlich zwar in der Regel sagen, was sie nicht möchten, aber eben nicht, was sie möchten. Das erforschen wir dann Schritt für Schritt im Coaching, was ein sehr wertvoller und augenöffnender Prozess ist, wie meine Klient*innen immer wieder beschreiben, und den ich auch selbst vor einigen Jahren durchlaufen habe. Denn, wie ich im späteren Verlauf des Buches noch erzählen werde, gab es auch in meinem Leben eine Zeit, in der ich unentschlossen war, was ich beruflich machen soll, überfordert von den vielen Möglichkeiten und frustriert, dass ich mich scheinbar verrannt hatte. Ich weiß, wie viel Kraft es kostet, sich Tag für Tag im wahrsten Sinn des Wortes zu einer Arbeit zu schleppen, die einen nicht erfüllt, und sich nichts sehnlicher zu wünschen, als dort nicht länger hinzumüssen. Zum Glück kenne ich aber auch die andere Seite und weiß, wie viel Energie einem der richtige Job geben kann und wie schön es ist, etwas zu tun, das man gern tut und noch dazu gut kann und das einem sinnvoll erscheint. Wie ich dort hingekommen und welche Schritte ich gegangen bin, werde ich in diesem Buch ausführlich beschreiben. Vorher werde ich aber noch einen Blick darauf werfen, warum so viele von uns inzwischen mit ihren Jobs hadern, wie unsere heutige Arbeitswelt aussieht und wie sie in Zukunft aussehen könnte und welchen Teil du selbst dazu beitragen kannst, unsere Welt zu verbessern. Dabei werde ich immer wieder Beispiele aus meiner Praxis oder meinem eigenen Leben mit dir teilen und dir Vorbilder vorstellen.

Häufig sind es übrigens Frauen, die die Zukunft verantwortungsbewusst gestalten und dabei auf dem Vormarsch sind, Frauen wie Janina Kugel, die in ihrem Buch »It's now« beschreibt[1], warum es jetzt wichtig ist zu handeln; Frauen wie Tijen Onaran, die sich für Diversity einsetzt; Frauen wie Luisa Neubauer oder Greta Thunberg, die für eine bessere Klimapolitik kämpfen. Diese Frauen kommen aus allen Altersklassen, und das ist gut so, weil wir sie jetzt mehr denn je für einen generationsübergreifenden Konsens für Veränderung brauchen. Wir brauchen eine kritische Masse und wir brauchen starke Vorbilder. Deshalb möchte ich dir, liebe Leserin und lieber Leser, Mut machen. Mut machen, deinen eigenen Weg einzuschlagen und dich für das einzusetzen, was dir wichtig ist. Dir Mut machen, Vorbild zu sein und mit deinem Weg schließlich viele weitere Menschen zu einem Wandel zu inspirieren. Dir Mut machen, dich auf die Suche nach einem Job zu begeben, der dich mit Sinn erfüllt, in dem du dich mit ganzem Herzen engagierst und mit dem du dazu beitragen kannst, die Welt für uns alle nicht nur ein kleines Stückchen besser zu machen, sondern ein großes Stück. Für alles andere bleibt keine Zeit. Zum Mindset des 21. Jahrhunderts gehört es, groß zu denken und sich mit nichts anderem zufriedenzugeben, als durch eine völlig neue Lebensqualität unsere Welt zu einem nachhaltigen und menschlichen Ort zu machen. Die Möglichkeiten dafür sind da. Nie war es so einfach, sich dank sozialer Medien eine Stimme zu verschaffen, Verbündete zu suchen und die Ziele gemeinsam mit vereinter Kraft anzugehen. Die Zeit, um die Welt zu einem besseren Ort zu machen, ist jetzt. Packen wir es an.

KAPITEL EINS

HILFE, MEIN JOB IST OHNE SINN!

Da saß ich nun im Einzelbüro eines mittelständischen Marktführers in einer gewöhnlichen deutschen Kleinstadt und war für das Recruiting und die Personalentwicklung dreier Länder verantwortlich: ein gut bezahlter und vermeintlich sicherer Job, zumindest, was man in der gängigen Vorstellung darunter versteht, ein Job, dem ich in all den Jahren meines Studiums immer entgegengefiebert hatte. Von außen betrachtet hatte ich es geschafft. Jedenfalls bekam ich jedes Mal ein beeindrucktes Nicken, wenn ich gefragt wurde, was ich beruflich machte. In meinem Inneren fühlte es sich jedoch nach vielem an, nur nicht nach dem Gefühl, endlich angekommen zu sein.

Ich sah auf die Uhr. Noch drei Stunden, bis ich Feierabend machen konnte. Nicht etwa, weil ich zu diesem Zeitpunkt alle Aufgaben erledigt hätte – das geschah eigentlich nie –, sondern weil es dann eine adäquate Zeit war, um Feierabend machen zu können: ohne das Gefühl, sich rechtfertigen zu müssen, ohne dass die Kolleg*innen einen aufzogen und fragten, ob man einen Teilzeitjob hätte. »In welcher Zeit leben wir eigentlich?«, fragte ich mich. Ich habe den Unsinn der Präsenzkultur noch nie verstanden. Drei weitere Stunden, in denen ich mich eingesperrt fühlen und mein Blick an den beiden Bildschirmen vor mir haften würde.

Pling. Das firmeninterne Chatprogramm holte mich für einen kurzen Moment in die Gegenwart zurück. Ein Kollege wollte wissen, ob ich die Auswertung schon fertig hätte. Hatte ich nicht. Ohnehin hinkte ich in letzter Zeit meiner Arbeit hinterher.

Allen im Team ging es so. Zu viele Aufgaben für zu wenig Köpfe. Trotzdem wurden in den letzten Monaten offene Stellen nicht nachbesetzt. Man müsse sparen, hieß es.

Ernüchtert sah ich mich in meinem Büro um. Rechts von mir war eine Schrankwand aus Buche mit verschiedenfarbigen Aktenordnern meiner Vorgängerin, daneben ein brauner Kunststoffpapierkorb und darüber ein Werbekalender. Einer dieser Wandkalender, die immer drei Monate des Jahres anzeigen und dessen roten Datumsschieber ich jeden Morgen einen Tag weiterschiebe, ein bisschen so, als ob man die Tage bis zum nächsten Urlaub zählt. Nur dass am Ende des Kalenders nicht Bali wartet, sondern das nächste Kalenderblatt, das man abreißen kann. Mein Blick fiel wieder auf die Schrankwand. Ich fragte mich, wann solche Möbel eigentlich mal modern waren, und kam zum Ergebnis, dass das schon ziemlich lange her sein musste. Mein Vorschlag, die Inneneinrichtung der Büros zu modernisieren, wurde abgeschmettert. Und zwar nicht mal mit dem standardmäßigen »Wir müssen sparen«-Argument, sondern mit dem Hinweis, wir seien nun mal keine hippe Werbeagentur. Nee, das waren wir definitiv nicht. Links von mir war die Durchgangstür zum Nachbarbüro, durch die ich direkt auf den Schreibtisch meiner Lieblingskollegin sah, die gerade irgendwelche Papiere sortierte. Unsere Blicke trafen sich und ihr Gesichtsausdruck verriet mir, dass auch sie froh war, dass bald Feierabend sein würde. Sie drehte sich wieder zu ihrem PC um und fing an zu tippen. Kurze Zeit später ploppte ein neuer Chat auf meinem Bildschirm auf. »Wir müssen hier raus!«, schrieb sie und verdrehte die Augen, als ich noch mal zu ihr rüberblickte. Auch wenn ich wusste, dass ihre Aussage sich darauf bezog, beruflich etwas anderes zu machen, drehte ich mich instinktiv auf meinem Drehstuhl um. Hinter mir war eine Fensterfront, die den Blick freigab auf ein paar Büsche und ein dahinterliegendes Feld. Wie ich feststellte, schien die Sonne. Augenblicklich machte sich ein noch stärkeres Sehnsuchtsgefühl in mir breit. Wie gern wäre ich jetzt spazieren gegangen und hätte mir die Sonnenstrahlen ins Gesicht scheinen lassen. Es hätte mir gutgetan, nach den vielen Meetings heute ein paar Schritte zu gehen, um den Kopf freizubekommen. Aber den Arbeitsplatz außerhalb der Mittagspause zu verlassen war nicht vorgesehen. Pling, eine neue Nachricht von dem Kollegen:»Juliane, können wir dazu kurz telefonieren?« Resigniert machte ich mich wieder an die Arbeit – drei Stunden noch, dann würde der vermeintlich schöne Teil des Tages beginnen.

So wie mir damals mit Anfang dreißig geht es heute vielen. Neben dem Wunsch nach mehr Unabhängigkeit und Selbstbestimmung fehlte mir in jener Zeit vor allem eines: Sinn! Hört man sich im eigenen Freundes- und Bekanntenkreis um, stellen die meisten von uns wohl fest, dass ziemlich viele Menschen mit ihren Jobs hadern und ahnen, dass ihre Arbeit eigentlich nicht der Mühe wert ist. Für diejenigen unter uns, die selbst unzufrieden sind, mag das beruhigend wirken. Denn die Message dahinter ist: Du bist nicht allein! Und es stimmt, mit dem Wunsch, zu kündigen und beruflich etwas anderes zu machen, steht man wahrlich nicht allein da. Die meisten von uns hängen auch gar kein Mäntelchen drum, gehört das Stöhnen über die Arbeit doch fast schon zum guten Ton. Im Jammern sind wir Deutschen ohnehin Weltmeister. Auf die Frage, wie es uns geht, antworten wir: Muss ja. Und wenn wir über unseren Job sprechen, sagen wir im besten Fall: Der ist ganz okay. Oder wir erzählen, dass der Chef doof ist, die Kolleginnen nerven, die Aufgaben langweilig sind und das Gehalt sowieso zu niedrig. Falls uns jemand anstrahlt und berichtet, wie toll sein oder ihr Job ist, werden wir direkt skeptisch, ziehen die Augenbrauen hoch oder runzeln ungläubig die Stirn. Die Person wird auch noch in der harten Realität des Arbeitsalltags ankommen, denken wir. Begeisterung weckt Misstrauen, für uns ist Desillusion im Arbeitsleben die Norm. Die Sache muss doch einen Haken haben.

Unzufriedenheit ist also der Standard. Das belegt auch die jährliche Gallup-Studie, die den Engagement-Index der Mitarbeitenden in Deutschland misst. Das Ergebnis aus dem Jahr 2021 besagt, dass 69 % aller Arbeitnehmer*innen nur eine geringe emotionale Bindung an ihren Arbeitgeber haben, weitere 14 % sogar keine, was einer inneren Kündigung gleichkommt. Die dadurch für die Unternehmen entstehenden Kosten durch den Produktivitätsverlust der Mitarbeiter*innen und die erhöhte Fluktuation sind immens und belaufen sich laut Gallup-Institut auf etwa 92,9 bis 115,1 Milliarden Euro pro Jahr.[2] Aber noch viel wichtiger: Was bedeutet das eigentlich für jede*n Einzelne*n dieser immerhin insgesamt über 5,2 Millionen arbeitenden Menschen? Morgens aufzustehen und einer Arbeit nachgehen zu müssen, die einem keine Freude bereitet? Und wo liegen die Ursachen? Können wir uns das als Wirtschaftsnation eigentlich leisten? Und warum landen so viele von uns überhaupt erst in einem Job, der sie nicht erfüllt?

Kurze Antwort: Weil wir Menschen Meister im Schönreden und Verdrängen sind. Meist spüren wir schon im Vorstellungsgespräch, dass der Job nicht zu uns passt, oder uns beschleicht ein ungutes Gefühl bei der Vertragsunterzeichnung. Aber was nicht passt, wird eben passend gemacht. Wir rationalisieren unsere Bedenken so lange, bis sie verstummen. Für fast alles im Leben kann man ja irgendwelche Gründe finden. Das Gehalt ist ganz okay, das Team ist nett, die Stadt schön, man muss nicht umziehen und sowieso: Das Leben ist schließlich kein Ponyhof! Was anfangs vielleicht noch einigermaßen gut klappt, funktioniert auf lange Sicht nicht. Die Bedenken mögen zwar verstummen, weg sind sie damit aber nicht. Es ist schwer und erfordert große Anstrengungen, sich auf Dauer selbst zu belügen. Viele meiner Klient*innen sagen, sie hätten ihr Bauchgefühl verloren. Der Kopf mit all seinen sich im Kreis drehenden Gedanken sei einfach zu laut. Und doch setzt sich unsere Intuition langfristig durch – hoffentlich, bevor wir im Burn-out sind oder psychosomatische Störungen entwickelt haben. Wird unsere Intuition immer stärker und mit ihr das Gefühl, dass das doch nicht alles gewesen sein kann, lässt sich diese Stimme irgendwann nicht mehr ignorieren. Eines Tages trifft uns mit voller Wucht die Einsicht: Ich will hier einfach nur noch weg! Und das in der Regel lieber heute als morgen. Es gibt dann zwei Wege, mit diesem Impuls umzugehen: entweder die Flucht nach vorn anzutreten oder sich bis auf Weiteres mit der Unzufriedenheit zu arrangieren.

Letzteres kam für mich persönlich nie infrage. Ich fand und finde die Vorstellung grauenvoll, die Zeit in einem Job abzusitzen und auf den nächsten Urlaub zu warten. Als Ypsilonerin waren meine Jobs von mir ohnehin meist von Anfang an allein als Zwischenstationen gedacht. Gedanklich stets schon einen Schritt weiter, hatte ich jederzeit ein innerliches Exit-Datum für die aktuelle Stelle im Kopf und einen Plan, wie es danach weitergehen sollte. Ich habe meine Karriere nie langfristig bei einem einzigen Arbeitgeber geplant, sondern nur bis zu dem Zeitpunkt, an dem eines meiner Ziele erreicht war: der Abschluss der Berufsausbildung oder das Bestehen des Bachelor- oder des Masterstudiums oder um die Zeit zwischen zwei beruflichen Stationen zu überbrücken. Das Ende meiner Jobs war also stets absehbar. Aus dem gleichen Grund war ich persönlich befristeten Arbeitsverträgen gegenüber auch nie abgeneigt. Mein Freiheitsdrang fand es gut, dass die Entscheidung für den Job nichts Endgültiges hatte. Eines Tages, als ich mit einem älteren Arbeitskollegen gemeinsam in der Mittagspause war, ließ er sich über meine sich hinziehende Entfristung aus. Das sei doch nicht fair, ich müsse ja schließlich auch planen können und Sicherheit haben, sagte er. Ich fand den Gedanken absurd, seine eigene Lebensplanung von der Entfristung eines Jobs abhängig zu machen. Innerlich fragte ich mich, was ein unbefristeter Arbeitsvertrag schon ändert. Schließlich waren wir gerade dabei, zwei Standorte zu schließen. Wenn Stellen abgebaut werden sollen, ist man so oder so nicht vor einer Kündigung gefeit. Und die Sorge, keinen Job zu finden, hatte ich nie: ein Hoch auf den Fachkräftemangel! Sobald ich spürte, dass mein Job nicht mehr zu mir passte oder meine Pläne sich geändert hatten, fackelte ich also nie lange. Aber diesmal war es anders. Nach meinem Masterstudium und mit dem Jobangebot hatte ich alles erreicht, was ich mir zunächst vorgenommen hatte. Mein ursprüngliches Vorhaben, mich in einer Firma als Personalleiterin hochzuarbeiten, fühlte sich für mich irgendwie nicht mehr stimmig an. Mich beschlich das Gefühl, dass dieser Weg mich nur noch mehr einengen würde. Das erste Mal nach mehreren Jahren hatte ich nicht schon den nächsten Schritt im Auge, aber dafür umso mehr Optionen. Was nach purem Luxus klingt, strengte mich wahnsinnig an. Das Gedankenkarussell in meinem Kopf schien nie zu stoppen, und umso länger ich grübelte, umso schneller schien es sich zu drehen.

EXKURS

Als ich endlich Feierabend hatte, ging ich schnurstracks zum Auto. Endlich raus hier. Aus den drei Stunden waren schließlich doch noch vier geworden. Mein Chef wollte mal wieder irgendeinen Report für die Geschäftsführung. Der vierte innerhalb weniger Tage. Dass die Daten wenig aussagekräftig waren, interessierte scheinbar keinen. Hauptsache, man konnte dem eigenen Chef ein paar Zahlen vorlegen. Überhaupt hatte ich den Eindruck, dass es einzig und allein um Zahlen, Daten und Fakten ging und der Mensch darüber in Vergessenheit geriet. Dabei hatte ich diese Tätigkeit ursprünglich genau deshalb angetreten: um einen positiven Unterschied in der Arbeitswelt zu machen, um Unternehmen mit den passenden Leuten zusammenzubringen, um gemeinsam etwas zu bewegen, um das Potenzial dieser Personen bestmöglich zu entfalten und ihre Arbeitszufriedenheit zu steigern, um einen Ort in der Arbeitswelt zu schaffen, an dem die Menschen gern arbeiteten – Menschen wohlgemerkt, nicht Ressourcen. Über meine ursprünglichen Gedanken konnte ich inzwischen nur noch müde lächeln. Ich hatte nicht das Gefühl, dass ich mit meiner Arbeit irgendeinen wichtigen Beitrag leistete.

Als ich mit dem Wagen vom Firmenparkplatz fuhr, sah ich schon nach wenigen Metern die vielen roten Rücklichter der Wagen, die wie ich auf die Autobahn wollten. Stau. Wie sollte es auch anders sein um diese Zeit. Ich stellte mich auf einen langen Heimweg ein und rief meinen Freund an. Wie mein Tag war, wollte er wissen. »Ach«, erzählte ich, »wie immer«. Und schon befand ich mich im Jammermodus und berichtete ihm von den banalen Vorkommnissen, die mich heute wieder einmal so genervt hatten. »Immer die gleiche Leier. Eigentlich könntest du das auch aufnehmen und den Mitschnitt abends abspielen«, sagte er. Und er hatte recht. Ich erkannte mich ja selbst kaum wieder: Ich, die stets gern arbeiten gegangen bin, die sich fortlaufend weiterentwickelt hat und für die Stillstand ein No-Go war, war nahezu in Unzufriedenheit erstarrt. Und jetzt? Von Abwechslung keine Spur, täglich grüßt das Murmeltier. Es musste sich wirklich etwas ändern, sagte ich mehr zu mir selbst als in das Telefon und nahm mir vor, heute Abend direkt damit loszulegen. Doch als ich nach eineinhalb Stunden Fahrt zu Hause ankam, fuhr ich frustriert Runde um Runde um den Block. Zu dieser Uhrzeit war die Parkplatzsuche in der Kölner Innenstadt kein leichtes

Unterfangen. Bis ich in meiner Wohnung sein würde und mir was zu essen gekocht hätte, wäre 21 Uhr schon locker durch. Den Gang ins Fitnessstudio konnte ich mir heute also getrost sparen. Nachdem ich schnell gegessen hatte, fuhr ich meinen Laptop hoch in der Hoffnung, im Netz zu finden, was ich in mir aktuell nicht fand: eine zündende Idee, die es mir erlaubte, meinen Job zu kündigen, um aus dem Hamsterrad rauszukommen.

Wahllos öffnete ich eine Stellenbörse nach der anderen und suchte nach passenden Stellenanzeigen – im Unklaren darüber, was für mich überhaupt »passend« war. Kein Wunder, dass mich kein Stellenprofil so richtig ansprach. Irgendwann weitete sich mein Radius und ich googelte nach anderen Möglichkeiten als einer bloß besseren Stelle und kam vom Hölzchen aufs Stöckchen. Ein Trainee-Programm bei einem Global Player? Freiwilligenarbeit im Ausland? Work and Travel? In einer Unternehmensberatung projektbasiert arbeiten? Ein Auslandspraktikum? Den MBA machen? Oder gar promovieren? Das klang alles irgendwie spannend und gleichzeitig wurde mir schwindelig bei der schieren Auswahl an Möglichkeiten. Anstatt bei der Recherche also die erhoffte Klarheit zu bekommen, wurde mein Geist immer unruhiger und das Chaos in meinem Kopf nur noch größer. Alle, die schon mal gegoogelt haben, wissen, wie schnell man sich verlieren und in den Suchergebnissen verfranzen kann. Und zack, war der Abend rum, ohne ein bisschen schlauer geworden zu sein. Logisch, denn da ich selbst nicht wusste, wonach ich eigentlich suchte, war selbst eine Suchmaschine überfragt. Ich lehnte mich erschöpft zurück. Erst jetzt merkte ich, wie müde ich war und wie steif sich mein Körper vom vielen Sitzen anfühlte. Ein Blick auf die Uhr verriet mir, dass es schon halb zwölf war, also höchste Zeit, ins Bett zu gehen – wieder mal mit dem unbefriedigenden Gefühl, heute nichts geschafft zu haben.

Tage wie diese bekomme ich von meinen Coachees zuhauf beschrieben. Diese Unentschlossenheit ist deshalb so unbefriedigend, da sie nicht bloß Zeit kostet und anstrengend ist, sondern uns vor allem daran hindert, wirklich ins Tun zu kommen. Wir sind gefangen in unseren Gedankenkreisen und finden einfach nicht heraus. Das frustriert und rückt die Frage in den Mittelpunkt: Und so soll mein Leben aussehen? Der Frust kommt dabei keineswegs zwangsläufig von den Überstunden oder dem Arbeitspensum. Allein die empfundene Sinnlosigkeit reicht dafür aus. Wenn man den Sinn in etwas sieht, dann ist man gern bereit, auch mal mehr zu arbeiten. Erachtet man seine eigenen Aufgaben jedoch als sinnlos, fragt man sich schnell, wozu man das eigentlich alles macht. Und hat darauf häufig eben keine Antwort.

Das macht vielen von uns zu schaffen. Logisch. Man möchte den überwiegenden Teil seiner Lebenszeit schließlich nicht mit belanglosen Tätigkeiten vergeuden. Man möchte vielmehr einen Beitrag leisten und etwas Sinnvolles tun. Dieser Wunsch tritt umso mehr zutage, je mehr unserer Grundbedürfnisse erfüllt sind. Auch logisch. Wenn ich am Ende des Monats nicht weiß, wovon ich den Kühlschrank füllen soll, habe ich andere Probleme, als mich darum zu kümmern, die Welt zu verbessern. Der Psychologe Abraham Maslow hat dies auf eine sehr einfache Art und Weise in der nach ihm benannten Maslow'schen Bedürfnispyramide veranschaulicht, die in Abbildung 1 zu sehen ist.[3]

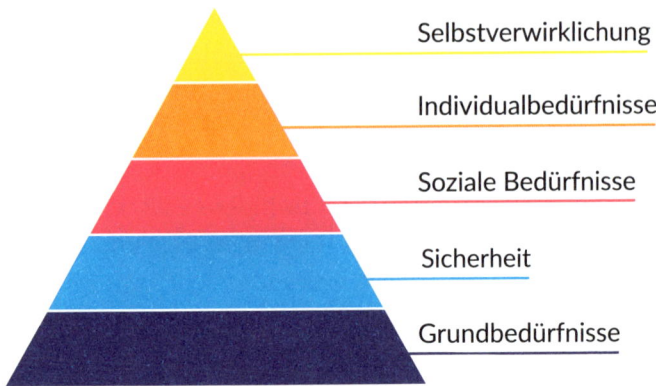

Selbstverwirklichung

Individualbedürfnisse

Soziale Bedürfnisse

Sicherheit

Grundbedürfnisse

Abbildung 1: Maslow'sche Bedürfnispyramide

Bevor unsere Grundbedürfnisse nicht erfüllt sind und wir uns nicht sicher fühlen, haben wir keine geistigen Kapazitäten, um nach der Erfüllung von weiteren Bedürfnissen zu streben. Diese sind dann erst einmal zweitrangig. Glücklicherweise haben wir dieses Stadium in Deutschland seit einigen Jahrzehnten verlassen. Es geht uns als Gesellschaft so gut wie nie zuvor. Niemand muss hungern, sich ernsthaft um seine Grund- und Existenzbedürfnisse sowie Sicherheit sorgen. Das weckt in uns zwangsläufig den Wunsch, in der Bedürfnispyramide nach oben zu klettern. Sich selbst zu verwirklichen steht dabei ganz oben auf der Wunschliste. Zu Recht: Das eigene Potenzial auszuschöpfen ist nicht nur eine schöne Vorstellung, sondern auch notwendig. Ich bin davon überzeugt, dass die Welt umso besser wird, desto mehr Menschen ihr Potenzial entfalten.

Doch ist die Welt in den letzten Jahren wirklich besser geworden, wo es so viele Menschen unter uns gibt, die nach Selbstverwirklichung streben? Oder empfinden wir das Leben nicht eher als anstrengender und energieraubender? Ich denke letzteres, und das aus einem guten Grund: Wir verwechseln Selbstverwirklichung mit Selbstoptimierung. Statt uns auf unsere Stärken und Talente zu besinnen und diese kontinuierlich auszubauen, wollen wir in *allen* Bereichen gut sein und das Beste aus uns herausholen, egal ob es um unser Aussehen geht, unser Zuhause, unsere Freizeit oder eben um unseren Job. Mit Mittelmaß möchten wir uns in keinem Lebensbereich zufriedengeben und setzen uns deshalb fortlaufend weiter unter Druck. Dabei rennen wir verbissen einem perfekten Bild hinterher, das wir in unserem Kopf von uns selbst entworfen haben und dessen Erreichung ohnehin eine Illusion ist. Dieser überzogene Perfektionismus kostet jede Menge Energie in Form von Nerven, Zeit und auch Geld. Denn, um unseren permanent steigenden Ansprüchen gerecht zu werden, müssen wir immer mehr Geld verdienen, das heißt arbeiten, um uns den Lifestyle auch leisten zu können. Puh, anstrengend.

Es liegt auf der Hand, dass das nicht ewig gut geht und uns im Hamsterrad irgendwann die Puste ausgeht. Dann stehen wir da mit zittrigen Beinen, erschöpft gehetzt und hinterfragen die Sinnhaftigkeit unseres Tuns: Und jetzt? Kann es das etwa schon gewesen sein? Gibt es nicht vielleicht noch mehr im Leben, was auf mich wartet? Schon sind sie da: die ganz großen Fragen im Leben – leider ohne Antworten. Vermutlich gab es diesen Moment im Leben von Menschen schon immer. Der Moment, in dem man plötzlich registriert, dass das halbe Leben schon hinter einem liegt und man sich fragt, ob man die zweite Lebenshälfte genauso verbringen möchte wie die erste. Früher hörte man häufig den Begriff der Midlife Crisis – also einer Sinnkrise in der Lebensmitte. Das Bild galt oft Männern, die sich mit Mitte vierzig ein Motorrad kauften, plötzlich eine Affäre hatten oder sich in irgendein anderes Abenteuer stürzten. Diese persönliche Krise kommt inzwischen früher und wird als Quarterlife Crisis beschrieben: die Sinnkrise der Millennials. Man hat das Studium in der Tasche, arbeitet seit ein paar Jahren im Job und fragt sich, ob es in den nächsten vierzig Jahren jetzt so weitergehen soll. Aber neben dem früheren Zeitpunkt gibt es noch einen weiteren Unterschied zur Midlife Crisis: Die Fragen, die wir Millennials uns heute stellen, gelten nicht länger nur dem eigenen Leben, sondern mit steigendem Bewusstsein für den Klimawandel etwas Größerem. Wird die Welt in Zukunft noch lebenswert sein? Ist es überhaupt noch verantwortbar, Kinder in diese Welt zu setzen? Ist die Erderwärmung noch zu stoppen? Beschäftigt man sich mit diesen Fragen, wird einem schnell klar, dass es keineswegs einzig und allein um die reine Selbstverwirklichung gehen kann, es steht viel mehr auf dem Spiel: die Lebensqualität aller Lebewesen auf unserem Planeten. Auch Abraham Maslow hat dies erkannt und seiner Bedürfnispyramide kurz vor seinem Tod noch eine weitere Stufe an der Spitze hinzugefügt: Transzendenz, also die Suche nach etwas Höherem.[4]

Von diesen Fragen geleitet landet man schnell beim Thema Umwelt- und Klimaschutz. Ich jedenfalls fing an, zu diesen Themen zu recherchieren, die eine oder andere Netflix-Dokumentation zu schauen, und diskutierte im Freundeskreis. Schon bald begann ich, mein Konsum- und Einkaufsverhalten zu hinterfragen und nach und nach umzustellen. Themen wie Nachhaltigkeit, Tierwohl und unsere Ernährung – um nur einige zu nennen – rückten in den Fokus. Ich merkte, dass ich gar nicht so viel brauche, wie ich konsumierte, und begriff, wie verschwenderisch wir seit Jahrzehnten in der westlichen Welt gelebt haben. Vor meiner inneren Wende war ich eine richtige Shopping-Queen. Viele Jahre liebte ich es, bummeln zu gehen. Ich kaufte, was das Zeug hielt, und fuhr regelmäßig zum Einkaufen in die Stadt, entweder zusammen mit einer Freundin oder allein. Es machte mich glücklich, wie ein neues Kleidungsstück in meinen Besitz wechselte. Aber um ehrlich zu sein, war es nicht bloß Kleidung. Ob Bücher, Schmuck oder Dekogegenstände für die Wohnung – etwas zu kaufen gab mir ein gutes Gefühl. Obwohl ich viele Kleidungsstücke davon nie angezogen habe und sie auch nach Monaten noch mit Preisschild ungetragen in meinem Schrank hingen. Ich wollte mit ihnen für möglichst jede Situation gewappnet sein und die passende Gelegenheit würde sich schon noch bieten. Was man hat, hat man. Und ein kleines Schwarzes braucht doch schließlich jede Frau, oder? Das Problem: Mein Platz in den Schränken wurde zusehends knapper. Die Lösung? Ein größerer Schrank muss her! Die Räume wirken jetzt vollgestellt? Die nächste Wohnung muss auf jeden Fall ein paar Quadratmeter größer sein!

Es entsteht ein Kreislauf, der einfach nur absurd ist: Wir gehen einer Arbeit nach, die die Welt nicht braucht, um uns eine immer größere Wohnung leisten zu können für Dinge, die wir im Grunde ebenfalls nicht brauchen. Wir versuchen, uns Glück zu erkaufen, doch wir fühlen uns innerlich oft einfach bloß leer. Und zeitaufwendig ist es auch. Wir müssen in die Stadt fahren oder Onlineshops durchforsten, wir müssen Tüten auspacken und manchmal wieder einpacken, um Sachen, die uns doch nicht gefallen, umzutauschen oder zurückzusenden. Umso mehr wir besitzen, umso mehr Zeit und Energie müssen wir für die Pflege aufbringen – schließlich möchten die Dinge gereinigt, gewartet, repariert und irgendwann wieder entsorgt werden. Der wöchentliche Hausputz wird kontinuierlich umständlicher und aufwendiger. Die Wohnung ist voll, überall steht was rum, die Schubladen platzen aus allen Nähten und die Entscheidungsfindungen dauern auch länger. Denn wenn wir vor unserem Kleiderschrank stehen, sehen wir den Wald vor lauter Bäumen nicht und kommen zu der falschen Erkenntnis: Wir haben einfach nichts zum Anziehen!

So bleibt uns immer weniger Zeit für das eigentlich Wichtige. Freunde und Freundinnen treffen, gemeinsam kochen oder bis tief in die Nacht über einem Glas Wein versacken? Oder endlich das Buch lesen, das schon so lange auf unserem Nachtisch liegt? Fehlanzeige! Dafür haben wir keine Zeit oder sind von unserem Alltag im Hamsterrad zu erschöpft und wollen nach Feierabend nur noch auf die Couch. Deshalb sieht der Tag bei vielen gefühlt so aus wie in Abbildung 2.

Aber warum kaufen wir dann nicht einfach weniger, um mehr Zeit zu haben für die wirklich wichtigen Dinge? Weil wir unsere innere Leere, die durch unsere Unzufriedenheit ausgelöst wird, versuchen zu füllen. Je rastloser wir im Inneren sind und umso weniger Sinn erleben wir spüren, umso mehr Ablenkung benötigen wir. Wir kompensieren mit Essen, Alkohol, Sport oder

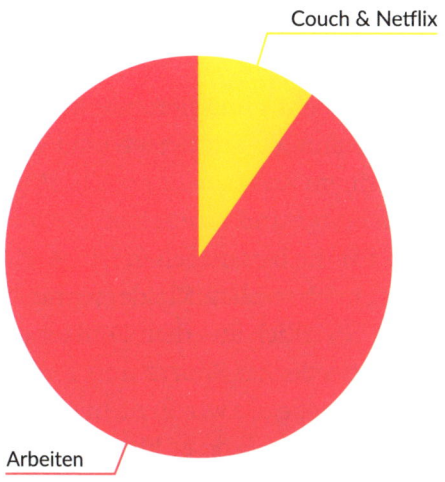

Couch & Netflix

Arbeiten

Abbildung 2: Gefühlter Alltag der Generation Y

eben auch mit Konsum, mit dem wir etwas im Außen suchen, das wir jedoch allein in unserem Inneren finden können. Das war auch einer der Gründe, warum die Menschen unterschiedlich mit dem Lockdown umgegangen sind. Denjenigen, die mit ihrem Leben grundsätzlich zufrieden sind, fiel er leichter. Manche haben es sogar geradezu genossen, mal mehr Zeit für sich zu haben und zur Ruhe zu kommen. Diejenigen, die ohnehin schon unzufrieden waren, waren es jetzt noch mehr. Immerhin konnten sie sich nun nicht weiter von diesem dumpfen Gefühl im Inneren ablenken. Bars und Geschäfte waren schließlich geschlossen, genauso wie sämtliche Freizeitangebote. Wir waren alle also mehr oder weniger gezwungen, mal genau hinzusehen, wie es um das eigene Leben bestellt ist. Bin ich zufrieden? Tue ich das, was ich tue, gern? Empfinde ich mein Tun als sinnvoll? Manche von uns nutzten diese Chance, andere begaben sich resigniert in eine

Netflix-Dauerschleife, um das aufkommende dumpfe Gefühl zu betäuben.

Dass Dinge nicht glücklich machen, spüren wir sehr deutlich, wenn wir auf Reisen sind. Ausgestattet mit lediglich einem Koffer, oder noch besser Backpack, lebt es sich leichter und intensiver. Automatisch ist mehr Zeit da für die wesentlichen Dinge. Kein langes Grübeln vor dem übervollen Kleiderschrank, was man anziehen soll. Ein Blick aus dem Fenster genügt und wir greifen entweder zu Shorts und T-Shirt oder zu Jeans und Regenjacke. Da wir eh nicht viel dabeihaben, fällt die Wahl leicht. So blöd es klingt: Das spart nicht nur Zeit, sondern tatsächlich auch Kapazitäten im Gehirn. Das ist auch der Grund, warum erfolgreiche Menschen oft das Gleiche tragen. Legendäres Vorbild war Steve Jobs mit seinen schwarzen Rollkragenpullovern, aber auch Mark Zuckerberg oder Karl Lagerfeld sind beziehungsweise waren prominente Beispiele.

Auch mir selbst wurde dieser Vorteil wiederholt auf meinen Reisen bewusst. Umso weniger banale Entscheidungen ich treffen musste, umso mehr genoss ich die Zeit. Ein Beispiel: Als wir mit einem Camper Van im australischen Outback unterwegs waren, fuhren wir tagelang auf dem Stuart Highway und sahen nichts als rote Erde, Kängurus und von Zeit zu Zeit einen Roadtrain. Große Shoppingmalls gab es logischerweise unterwegs nicht, weshalb wir unseren Camper in Darwin mit mehreren Wasserkanistern und hinreichend Grundnahrungsmitteln beluden, bevor wir losfuhren. Ab und an kamen wir an kleineren Lebensmittelgeschäften vorbei, in denen das Angebot natürlich entsprechend schmal war. Wenn wir dann z. B. Marmelade kaufen wollten, nahm ich, ohne groß zu zögern, die eine Sorte, die eben vorhanden war, und freute mich, überhaupt eine bekommen zu haben. Das verkürzte den Einkauf ungemein. Ganz anders ist es hingegen in den riesigen Malls in den Großstädten Australiens oder in den USA. Wer dort schon einmal vor den Regalen gestanden hat, weiß, dass einem von der großen Auswahl schier schwindelig wird. Nie vergesse werde ich meinen ersten Besuch im Supermarkt in Florida und wie ich völlig überfordert einige Minuten vor dem Brotregal mit über fünfzig Sorten Weißbrot stand. Bis dahin dachte ich immer, Weißbrot sei Weißbrot, aber augenscheinlich hatte ich mich geirrt.

Das Problem für uns Menschen ist: Werden uns zu viele Entscheidungen abverlangt, kostet das nicht nur Zeit, sondern es überfordert uns auch. Ob beim Shoppen, morgens vor dem Kleiderschrank oder bei der Berufswahl ist dabei letztlich egal, jede Entscheidung frisst Ressourcen, die uns an anderer Stelle fehlen – genauso wie der ganze Ballast, der uns umgibt. Deshalb ein Tipp von mir: Schaffe regelmäßig Ordnung und frage dich, was du brauchst und was nicht. Es ist unheimlich befreiend, sein Hab und Gut einmal gründlich auszumisten. Ich mag dabei den Ansatz der japanischen Aufräum-Expertin Marie Kondō.[5] Sie sagt, dass wir uns nur mit den Dingen umgeben sollten, die wir lieben und die uns glücklich machen. Dazu sollten wir alle Gegenstände einer Kategorie, z. B. Kleidung, als Erstes auf einen Haufen werfen. Das führt uns vor Augen, wie viel wir tatsächlich davon haben, und hilft uns bei der Entscheidungsfindung, wie viel wir wirklich davon brauchen und was wir behalten möchten. Und weniger ist eben oft mehr. Ein radikales Entrümpeln und Loslassen der Dinge, die man nicht braucht, die kaputt sind oder die man einfach nicht mag, führt nachweislich zu einem guten Gefühl. Alle, die schon einmal gründlich ausgemistet haben, wissen das. Der Kopf wird freier und das Lebensgefühl besser. Wir fühlen uns energiegeladener und innerlich aufgeräumter.

Genau dieses Prinzip können wir auch auf unsere Arbeit übertragen. Mehr davon machen, was uns wirklich, wirklich Freude bereitet und in dem wir gut sind, und weniger von dem tun, was uns nervt, langweilt oder in dem wir einfach keinen Sinn sehen. Doch genau da liegt oft das Problem: Wir beschäftigen uns zu häufig mit Bullshit-Aufgaben, die uns weder liegen noch interessieren und schon gar nicht die Welt besser machen. Und das ist auf Dauer frustrierend. Denn das höhere Bewusstsein für den Klimawandel und das allgemeine Umdenken führen letztendlich nicht nur zu konkreten Verhaltensänderungen im Privaten – sei es im Einkaufs- und Konsumverhalten oder in der Ernährung – sondern auch zu einer Verschiebung der eigenen Werte und macht auch vor dem Berufsleben nicht halt. Wir möchten unsere Werte am sprichwörtlichen Werkstor schließlich nicht ablegen (müssen). Wenn wir dann aber feststellen, dass unser Arbeitgeber für unsere Werte nichts übrighat, ist der Wertekonflikt vorprogrammiert und mit ihm die Unzufriedenheit im Job. Denn nichts ist anstrengender und unbefriedigender, als tagtäglich gegen seine eigenen Überzeugungen zu agieren. Viele Menschen, die in ihrem Job unzufrieden sind, stellen sich die Frage, ob sie im »sicheren« Angestelltenverhältnis bleiben oder sich selbstständig machen sollen, um etwas Sinnvolleres zu tun. Deshalb werden zukünftig diejenigen Unternehmen die Gewinner auf dem Arbeitsmarkt sein, die den Mitarbeiter*innen beides bieten.

Solange dies noch nicht bei allen Unternehmen angekommen ist, wird sich der folgende Trend aber wahrscheinlich fortsetzen: Immer mehr Menschen engagieren sich ehrenamtlich oder gründen ihr eigenes nachhaltiges Business. Die Autorin Andrea Juliane Bitzer bringt es in ihrem Buch »Green Rebels« auf den Punkt: »Es sind nicht mehr nur ein paar vereinzelte Ökofreaks mit Jutebeutel, die sich eine bessere Welt wünschen.«[6] Nein, es sind mehr und der Trend zieht sich inzwischen durch verschiedene Gesellschaftsklassen und Generationen. Wer heute ein Unternehmen gründet, gründet in der Regel grün. Ziel ist es, herkömmliche Produkte durch innovative Ansätze so weiterzuentwickeln, dass sie nachhaltiger werden.[7] Damit leisten die Ecopreneur*innen einen Beitrag zum Klimaschutz und erhöhen ihr eigenes Sinnerleben im Job maßgeblich.

Man muss aber nicht zwangsläufig Gründer*in werden, um wieder einen Sinn in der eigenen Arbeit zu sehen. Es gibt verschiedene Wege, die Zufriedenheit im Job zu erhöhen. Einige davon stelle ich in diesem Buch vor. Ich gebe dir eine Handreichung, wie du deinen eigenen Weg zu einem Job mit Sinn findest, und vor allem auch den Mut, ihn tatsächlich zu gehen. Denn dein Potenzial in einem falschen Job ungenutzt zu lassen, kann keine Lösung sein – weder für dich selbst noch für die Gesellschaft als solche. Lass uns vorher einen Blick auf die heutige Arbeitswelt werfen, um zu verstehen, warum es einerseits dringend notwendig ist, dass möglichst viele Menschen einen Unterschied machen, und andererseits so viele Menschen in ihrem Job nicht erfüllt sind. Liegt es allein an der Sinnfrage oder gibt es noch weitere Gründe?

KAPITEL ZWEI

UNSERE ARBEITS-WELT HEUTE

Die heutige Arbeitswelt zu beschreiben, ist gar nicht so leicht. Sie ist nämlich höchst komplex und hält einige Widersprüche bereit: Die Arbeitswelt ist im Aufbruch und hält dennoch an Regeln fest, die nicht mehr in unsere Zeit passen. Durch die vielen Transformationsprozesse in Unternehmen ist Abwechslung eigentlich vorprogrammiert und doch empfinden wir unsere tagtägliche Arbeit als eintönig. Uns werden nahezu unendlich viele Möglichkeiten geboten, wo, was und wie wir arbeiten können, und trotzdem fühlen wir uns in unserem Job gefangen.

Woran liegt es, dass die Arbeitswelt scheinbar so paradox ist? Aus meiner Sicht liegt es an dem großen Wandel, der sich zwar im Außen, also in den vorgegebenen Rahmenbedingungen und Möglichkeiten, aber nicht durchgängig in unserem Inneren vollzogen hat. So verrückt es klingen mag: Wir hängen mit unserem Denken, unseren Einstellungen und Glaubenssätzen noch in der Vergangenheit fest und haben den gedanklichen Sprung ins Hier und Jetzt noch nicht geschafft. Das ist auch gar nicht zu verurteilen, denn die technischen und gesellschaftlichen Veränderungen rollen in einer solch rasenden Geschwindigkeit auf uns zu, dass es einfach schwer ist mitzukommen. Plötzlich gibt es 3-D-Drucker, ein drittes Geschlecht und kryptische Währungen. Um bei allen Neuerungen informiert zu sein, hat man viel zu tun.

Früher war das anders. Da gab es alle paar Jahre mal einen Veränderungsprozess – z. B. weil eine neue Software eingeführt wurde oder es unternehmensintern eine Umstrukturierung gab – und wenn dieser abgeschlossen war, war erst einmal wieder Ruhe im Karton. Und genau diese Ruhe vermissen einige: den routinierten Tagesablauf, das Vorhersehbare, das eingespielte Team. Heute reiht sich ein Changeprozess an den nächsten. Die Arbeitstage sind kaum planbar, weil doch wieder irgendetwas Unvorhergesehenes dazwischenkommt und man nie weiß, was der Tag so bringen wird und was von einem in welcher Form bis wann erwartet wird. »Kannst du mal eben die Präsentation erstellen?«, heißt es dann etwa. Zeit, um etwas in Ruhe zu erarbeiten, hat man selten, fast immer muss alles auf Zuruf geschehen und möglichst schnell. Also wird die eigene Tagesplanung über den Haufen geworfen, um das Unmögliche möglich zu machen. Das Lob für die Präsentation wird übrigens deine Führungskraft einstreichen. Wenigstens das hat sich nicht verändert. Von einem eingespielten Team kann bei der heutigen Personalfluktuation zudem nun wirklich keine Rede sein. Und wenn wir ehrlich sind, wird das auch so bleiben. Die Ruhe in der altbekannten Form wird in unserem Arbeitsleben nicht mehr eintreten. Dazu ist unsere Welt zu schnelllebig geworden und die Herausforderungen sind zu groß. Sie waren vielleicht noch nie größer.

Das macht sich in der Arbeitswelt insbesondere dort bemerkbar, wo die Herausforderungen geballt auftreten: in der Pflege, wo der Personalmangel chronisch ist und die Bürokratie mit einem Haufen Papierkram zuschlägt; oder in den Schulen, wo Homeschooling in der Theorie zwar möglich, aber in der Praxis durch grottige Internetverbindungen und einer unausgeglichenen Verteilung der Endgeräte nur mühsam umsetzbar ist; oder in Unternehmen, wo einzelne Aufgaben zwar digitalisiert werden, aber die Prozesse und Systeme nicht hinreichend miteinander verknüpft sind und die erwartete Zeitersparnis oft ausbleibt. Das frustet und ist umständlich. Dazu kommt der permanente Zeit- und Kostendruck. Bei der Summe der Herausforderungen scheint es manchmal leichter zu sein, zu resignieren und einfach so weiterzumachen wie bisher. Man hat einfach keine Ahnung, wo man anfangen soll, oder durchdringt das jeweilige Thema nicht mehr vollumfänglich. Das führt zu persönlichen und gesellschaftlichen Überforderungen und bleibt dabei nicht ohne Folgen:

EXKURS

Marie, 33, arbeitet seit neun Monaten in der Personalabteilung eines Industriebetriebes. Den Job hatte sie begeistert angenommen, denn sie hatte schon länger von einer Stelle im HR-Bereich geträumt. Doch schon wenige Wochen nach ihrem Einstieg ist sie ernüchtert. Das Arbeitsvolumen ist so hoch, dass sie das Gefühl hat, ihre Aufgaben nicht bewältigen zu können. Schon längst ist sie an ihrer Belastungsgrenze angekommen, aber niemanden scheint das zu interessieren. Im Gegenteil: Die Anforderungen steigen und sie bekommt immer mehr Aufgaben on top, obwohl sie bereits mehr als einmal das Gespräch mit ihrem Chef gesucht hat. Beim letzten Jour fixe hat er sie zwar verständnisvoll angeschaut und gesagt, er verstehe ihre Situation, aber beim Rausgehen hat er ihr dann noch zugerufen, dass sie an den Report denken solle, den er bis nachmittags bräuchte. Das brachte das Fass zum Überlaufen und sie war den Tränen nahe. Doch sie rief sich selbst zur Ordnung, sich zusammenzureißen, die Arbeit müsse schließlich gemacht werden. Und das schafft sie nur mit einem (zu) hohen Arbeitspensum – oft ohne Pausen, dafür mit vielen Überstunden. Um ihre Energietanks um ein Mindestmaß zu füllen, nimmt sie nun in regelmäßigen Abständen einen Tag Urlaub, um häufiger eine kurze Woche zu haben. »Sonst halte ich das einfach nicht durch«, sagt sie. Auch ihr Privatleben hat sie komplett runtergefahren. Nach Dienstschluss will sie einfach nur noch ihre Ruhe haben und sich auf der Couch vom Fernsehprogramm berieseln lassen.

Marie ist leider kein Einzelfall. Immer mehr Menschen fühlen sich so, als würden sie permanent im gestreckten Galopp durchs Leben rennen, ohne die Zeit zu haben, mal innezuhalten und um Luft zu holen. Und tatsächlich bedeutet das Wort »Karriere« im Französischen nicht nur Laufbahn, sondern bezeichnenderweise auch Rennbahn. Und wer keine Zeit hat, anzuhalten, um sich umzuschauen und zu orientieren, vergaloppiert sich eben auch mal schnell.

Das Problem ist: Um einfach nur blind vorwärts zu rennen, dafür ist unsere Arbeitswelt viel zu komplex geworden. Nicht umsonst wurde sie seit den 1980er Jahren jahrzehntelang als VUCA-Welt bezeichnet – VUCA ist ein Akronym für die englischen Begriffe »volatility«, »uncertainty«, »complexity«, »ambiguity« – also als eine Welt, die unbeständig, unsicher, komplex und mehrdeutig ist. Inzwischen stehen wir jedoch an der Schwelle zu einer Welt, die mehr denn je vom Chaos geprägt ist und vom Autor und Futuristen Jamais Cascio mit dem Akronym BANI beschrieben wird: als brüchig (»brittle«), ängstlich (»anxious«), nicht linear (»nonlinear«) und unbegreiflich (»incomprehensible«).[8] Es wird in Zukunft also nicht einfacher. Umso wichtiger ist es, dass wir das große Ganze verstehen, Zusammenhänge erkennen und begreifen, was überhaupt alles vor sich geht, damit wir zukunftsorientiert handeln können. Also, lass uns einen Blick auf das werfen, was unsere gewohnte Arbeitswelt aus den Fugen wirft.

Eine Innenschau: Krisen, Megatrends und aktuelle Herausforderungen

Unsere Welt wird bestimmt von Krisen aller Art (politischen, wirtschaftlichen, sozialen, gesundheitlichen etc.), globalen Megatrends und ständig neuen Herausforderungen, die unsere Welt im übertragenen Sinn im schwindelerregenden Tempo drehen lassen. Die Fakten- und Erkenntnislage wird in den unterschiedlichsten Bereichen blitzschnell eine andere. Änderte sich in bestimmten Fachdisziplinen im 20. Jahrhundert etwas innerhalb von Jahrzehnten, geschieht es nunmehr innerhalb weniger Jahre und manchmal sogar Monate. Für ein Beispiel brauchen wir bloß in die jüngere Vergangenheit zu schweifen und uns an die ungeheure Forschungsleistung im Zusammenhang mit SARS-CoV-2 zu erinnern. Vielfach gilt: Kaum haben wir uns mit einer Veränderung angefreundet, verschwindet sie schon im Dunst des Neuen, das mit einer irren Geschwindigkeit auf uns zurast. Facebook, Twitter, Instagram, WhatsApp, Snapchat, TikTok – was kommt als Nächstes? Die Halbwertzeit sozialer Medien verfällt wie vieles andere auch zusehends schneller. Gleiches gilt für die Krisen, die auf uns hereinbrechen und im Radio zu einer Schreckensnachricht nach der nächsten führen.

Jede Generation wächst mit Krisen auf und ist sicherlich oftmals der Meinung, dass sie es im Vergleich zu früheren Jahrzehnten nicht einfacher hat. Es kommt nicht von ungefähr, dass die Menschen im 18. Jahrhundert der Antike nacheiferten und in der Epoche der Romantik dem Mittelalter und der vorindustriellen Zeit hinterhertrauerten, in dem Glauben, der Mensch sei damals noch im Einklang mit sich, seiner Umwelt und seiner Bestimmung gewesen. Der Traum von der »guten alten Zeit« wird von jeder Generation geträumt, nur jeweils ein wenig anders. Wollen wir wirklich im Berlin der wilden Zwanzigerjahre leben? Hyperinflation, Arbeitslosigkeit und aufkommender Faschismus reichen als rudimentäre Schlagworte aus, um den Nostalgischen unter uns die romantische Brille aufzuklaren. Es ist also festzuhalten: Damals wie heute leben wir in krisenhaften Zeiten. Fragt man Wikipedia, was eine Krise ist, bekommt man folgende Antwort: »Eine Krise ist im Allgemeinen ein Höhepunkt oder Wendepunkt einer gefährlichen Konfliktentwicklung in einem natürlichen oder sozialen System, dem eine massive und problematische Funktionsstörung über einen gewissen Zeitraum vorausging und der eher kürzer als länger andauert.«[9] Krisen sind also per Definition nicht von Dauer. Die Krisen der heutigen Zeit fühlen sich aber mehr und mehr wie ein Dauerzustand an: Sie dehnen sich aufgrund ihrer Heftigkeit immer weiter aus, wie z. B. die Klimakrise, die eben nicht in ein paar Monaten überwunden ist, und zum anderen schlittern wir von einer Krise in die nächste, ohne dazwischen Luft holen zu können. Nichts hat uns dies deutlicher vor Augen geführt als der Beginn des Jahres 2022, in dem wir gerade voller Hoffnung waren, die Coronapandemie in naher Zukunft besiegt zu haben, als mit dem menschenverachtenden Angriff von Russland auf die Ukraine der Krieg für meine Generation plötzlich so nah wie nie zuvor erschien. Und die Klimakrise gibt es zu allem Überdruss ja auch noch. Krisen sind zu unserem Alltagsbegleiter geworden. Sie zu vergessen, ist kaum möglich für jene, die das Zeitgeschehen in den Nachrichten verfolgen. Das stumpft ab. Wir werden müde und ihrer überdrüssig. Sich allen aktuellen Krisen immerzu allgegenwärtig bewusst zu sein, bewirkt nicht zwingend, einen positiven Umschwung herbeiführen zu wollen. Es kann auch einfach direkt in die Überforderung und Resignation führen oder dazu, dass wir Angst haben oder Panik bekommen, dass wir uns hilflos fühlen und keinen Ausweg sehen, wir nicht wissen, was wir glauben sollen, und unser Körper in Stress gerät. Dann steigt die Herzfrequenz, der Atem wird flacher, Adrenalin wird ausgeschüttet, um den Körper in Alarmbereitschaft zu setzen und um blitzschnell entscheiden zu können: Flucht oder Kampf? Wie in der Steinzeit, als plötzlich der Säbelzahntiger vor uns stand.

Da es sich bei den heutigen Krisen in der Regel aber nicht um Probleme handelt, die wir sofort und allein lösen können, fühlen wir uns dem Kampf nicht gewachsen und verschließen lieber die Augen. Kurzfristig mag das funktionieren, wir beruhigen uns und der Puls geht runter, aber langfristig bekommen wir die Probleme so garantiert nicht in den Griff. Dieses Augenverschließen führt zeitweise dazu, dass wir die Krisen runterspielen oder sie – wie beim Klimawandel – verleugnen. »Ach so schlimm wird es schon nicht werden«, »Solange die in China nichts machen, bringt das eh alles nichts« oder »Das Klima können wir Menschen nicht beeinflussen«. Dabei sind sich über 99 % aller Wissenschaftler*innen einig, dass der Klimawandel menschengemacht ist. Sie sind deshalb die Verbündeten der Fridays-for-Future-Bewegung. Außerdem gehört Deutschland trotz seiner im Vergleich zu anderen Ländern wie China oder Indien geringen Bevölkerung zu den größten zehn CO_2-Verursachern weltweit.[10] Die Fakten der Wissenschaft liegen auf den Tisch und dennoch wollen wir sie nicht wahrhaben, denn das hieße, uns ändern zu müssen. Bäh, wie unbequem. Dieses Phänomen kennen wir auch aus anderen Lebensbereichen. Wir alle wissen, dass Rauchen schädlich ist, und trotzdem tun es immer noch zu viele, oder wir haben Übergewicht und ernähren uns gleichwohl von Fast Food. Verzicht auf Tiramisu, Törtchen und Co und stattdessen aufs Trampolin und Treppen steigen? So eine grundlegende Verhaltensänderung fällt schwer, sogar extrem schwer. Wir wissen, dass wir eigentlich etwas ändern müssten, werden aber erst tätig, wenn die Alarmglocken in den Ohren klingen und nicht mehr zu ignorieren sind. Oft muss der Körper uns erst klar und deutlich vor Augen führen, dass es so nicht weitergeht, bevor wir ins Handeln kommen. Wir kündigen unseren Job beispielsweise erst, nachdem wir ein Burn-out erlitten haben, obwohl wir schon seit Jahren wissen, dass der Job nicht der richtige für uns ist. Verrückt. Es kann doch nicht sein, dass es erst einen Tinnitus, Hörsturz oder ein Magengeschwür braucht, um uns aus unserer Lethargie zu reißen! Aber wie es eben oft so ist: Der innere Schweinehund ist faul und ein starker Gegner.

Neben den Krisen sind wir aber auch Stabilität gewöhnt. Angela Merkel hat 16 Jahre unser Land regiert und viele der Generation Z kannten bis zur Bundestagswahl 2021 keine andere Person im Bundeskanzleramt. Obgleich in diesen Merkel-Jahren nicht alles rosig war, wusste man aber eben doch, woran man war. Angela Merkel hat Ruhe ausgestrahlt und sie wurde von den meisten ihrer Landsleute als kompetent, führungsstark und glaubwürdig wahrgenommen.[11] Das hat uns Sicherheit gegeben in einer sich immer schneller ändernden Welt. Die mit Angela Merkel verbundenen Eigenschaften sowie das Sicherheitsgefühl, das sie uns gegeben hat, danach sehnen wir uns auch in der Arbeitswelt. Und finden sie dort zusehends seltener. Das belastet uns, doch eines dürfen wir nicht aus den Augen verlieren: Wenn sich die Welt scheinbar laufend schneller dreht, ist auch eine neue Form von Flexibilität gefordert. Es reicht nicht aus, alles beim Alten belassen zu wollen, wir müssen auch den Blick nach vorn wagen. Denn neben den bisher schon genannten Krisen gibt es noch etwas, das unsere Welt und ihren Wandel beeinflusst: die aktuellen Megatrends.

Die zwölf Megatrends

Laut Zukunftsinstitut gibt es zwölf zentrale Megatrends, die unsere Zukunft prägen werden und Treiber des heutigen Wandels sind: Individualisierung, Neo-Ökologie, Silver Society, Gender Shift, Gesundheit, New Work, Globalisierung, Wissenskultur, Urbanisierung, Mobilität, Konnektivität und Sicherheit.[12] Alle diese Trends hängen zusammen und bedingen sich weltweit gegenseitig, und zwar in einem rasanten

Tempo. Denn exakt das macht einen Trend zum Megatrend – genau wie die Halbwertszeit von mindestens 25–30 Jahren. Jeder Megatrend ist für sich ausgenommen komplex, was es für viele schwierig macht, noch mitzukommen beim Wandel. Das ist vermutlich eine der Ursachen, warum wir in bestimmten Bereichen zu zögerlich vorgehen und stattdessen am Alten festhalten, obwohl es der heutigen Welt nicht mehr angemessen ist. Ein Beispiel: Auch wenn von Banken Sparen seit einigen Jahren mit Niedrig- oder Negativzinsen belegt wird, sind wir Deutsche nur schwer davon zu überzeugen, unser Geld anders anzulegen. Wir sehen zu, wie unser Erspartes auf dem Konto an Wert verliert, anstatt unser Anlage- und Investitionsverhalten zu überprüfen.

Zurück zu den zentralen Megatrends: Wir werfen nun einen genaueren Blick auf sie, ihre Auswirkungen auf die Arbeitswelt und wie alles miteinander zusammenhängt:

Die *Individualisierung* der Gesellschaft ist in den letzten Jahrzehnten stark vorangeschritten. Dies geht insbesondere auf den gestiegenen Wohlstand zurück und die Tatsache, dass wir uns immer mehr leisten konnten. Denn dadurch haben wir automatisch auch mehr konsumiert: Statt Socken zu stopfen, wurden sie neu gekauft, genauso wie nach und nach mehr Kleidungsstücke in unseren Besitz kamen. Zweitfernseher zogen in Schlaf- und Kinderzimmer ein und wenn wir Urlaub hatten, konnten wir endlich nach Lust und Laune in die Sonne fliegen. Und zwar auch gern ans andere Ende der Welt – die Globalisierung macht's möglich! Der Konsum wurde aber nicht nur gesteigert, sondern eben auch individueller: Keineswegs möchten wir noch Ware von der Stange. Am liebsten möchten wir ein auf uns zugeschnittenes Produkt kaufen. Dieser Trend zur Individualisierung hat direkten Einfluss auf den Markt und die Arbeitswelt. Wir möchten unser Leben insgesamt freier gestalten – sowohl zeitlich als auch örtlich. Deshalb träumen inzwischen viele davon, ortsunabhängig arbeiten zu können. Dieser Wunsch hat sogar eine eigene Bewegung hervorgerufen, die durch die zunehmende Digitalisierung noch befeuert wird: das digitale Nomadentum, das insbesondere bei jungen Menschen zusehends beliebter wird. Dafür wird der unbefristete Job in Festanstellung auch gern mal an den Nagel gehängt – zu attraktiv ist die Vorstellung von einem Leben in Freiheit und zu groß die Angst, irgendwann etwas zu bereuen, weil man zu sehr auf Sicherheit gesetzt und nicht genug Mut gefunden hat, nach seinen Wünschen zu leben. Sowieso werden unsere Karrieren fortwährend vielfältiger. Der rote Faden im Lebenslauf, der lange Zeit als das A und O galt, verliert konstant an Bedeutung. Im Umkehrschluss verlaufen immer weniger Biografien linear und die lange Zeit geltenden Regeln auf dem Arbeitsmarkt verlieren ihre Gültigkeit. Durch unseren hohen Ausbildungsstandard bei gleichzeitigem Fachkräftemangel können wir es uns leisten, die Regeln bei der Personalauswahl neu zu schreiben. Die Generation Y konnte mit ihrem Eintritt in den Arbeitsmarkt ihre Forderungen nach mehr Flexibilität durchsetzen und hat sich deshalb den Ruf eingefangen, frech, verwöhnt und unverschämt zu sein. Dabei möchte sich die junge Generation für einen Job einfach nur nicht mehr in ihren Werten und in ihrer Persönlichkeit verbiegen – was einem Bruch mit alten Konventionen gleichkommt.

Dasselbe gilt auch für das Familienleben, das früher stark von den Vorstellungen der Kirche und Erwartungen anderer geprägt und bestimmt war –»Das macht man halt so«. Heute möchten wir in erster Linie unsere eigenen Erwartungen erfüllen und selbst entscheiden, wo, wie und mit wem wir leben, womit wir unser Geld verdienen und wie wir unsere Zeit verbringen. Jede*r von uns kann heute das eigene Leben individuell nach seinen beziehungsweise ihren Wünschen und Vorstellungen gestalten. Das führt dazu, dass das klassische Familienbild – Mutter, Vater und Kind(-er) – wegbricht. An seine Stelle treten Single-Haushalte, Eineltern-, Patchwork- oder Regenbogenfamilien und eine wachsende LGBTQ-Community. Das hat auch Auswirkungen auf die Geburtenrate, denn Kinder kommen im Vergleich zu früher in den einzelnen Biografien vielfach entweder viel später oder manchmal eben auch gar nicht.

Das führt zwangsläufig dazu, dass unsere Gesellschaft altert und der Begriff *Silver Society* ins Leben gerufen wurde. Durch die seit vielen Jahren rückläufige Geburtenrate werden weniger Menschen geboren, als bei uns in Deutschland sterben. Das bleibt natürlich nicht ohne Auswirkungen auf das Gesundheits- und Rentensystem. Eine der größten Altersgruppen stellen inzwischen die Babyboomer dar, das sind diejenigen, die zwischen 1955 und 1969 geboren wurden und sich teilweise bereits im Renteneinstiegsalter befinden. Der Megatrend Silver Society hat deshalb auch sehr starke Auswirkungen auf die Arbeitswelt: Warb man früher als Unternehmen noch mit Angeboten eines früheren Renteneintritts, ist man heute darauf angewiesen, dass die älteren Mitarbeitenden möglichst lange im

Unternehmen bleiben und sich mit ihrem großen Erfahrungsschatz aktiv einbringen. Da die Menschen im Alter immer fitter sind und jünger denn je wirken, wollen sie oft auch noch etwas Sinnvolles tun und weiterhin beruflich aktiv sein. Schon jetzt hat sich der Anteil der Menschen, die im Rentenalter noch erwerbstätig sind, mit 8 % in den letzten 10 Jahren verdoppelt.[13] Lediglich ein Drittel davon sind Personen, die durch ihre schmale Rente dazu gezwungen werden, sich etwas dazuzuverdienen. Anstatt die Best Agers also aufs Abstellgleis zu schieben, sollten Unternehmen sie gezielt mit in die Unternehmenskultur einbinden.

Da wir alle als Gesellschaft fortlaufend älter werden, rückt auch unsere *Gesundheit* mehr und mehr in den Fokus. Wir wollen im Alter schließlich noch fit sein und unser Leben genießen können. Dafür tun wir viel, egal ob es um unsere Ernährung geht, die immer ausgefeilter wird, unseren Sport oder um unsere Gesundheitsvorsorge. Wir probieren verschiedene Ernährungsformen aus, nehmen uns eine*n Personal Trainer*in und suchen zur Vorsorge regelmäßig verschiedene Facharztpraxen auf. Individualität spielt auch bei diesem Trend eine große Rolle, denn gerade im Bereich Gesundheit möchten wir nicht nur das Beste, sondern vor allem das, was am besten zu unserem eigenen Körper passt. Und weil es auf dem mittlerweile sehr unübersichtlichen Markt gar nicht so leicht ist herauszufinden, was das ist, werden beständig mehr Dienstleistungen in Anspruch genommen. Das ist auch in der Coachingbranche spürbar, in der Health-Coaching sich einer wachsenden Beliebtheit erfreut. Auch die mentale Gesundheit steht dabei verstärkt im Fokus, möchte man Körper und Geist doch möglichst ganzheitlich betrachten. Die Zahlen der psychischen Erkrankungen sind schließlich in den letzten Jahren kontinuierlich gestiegen. Kein Wunder: Leistungsdruck, ständige Erreichbarkeit, Reiz- und Informationsüberflutung und permanente Zeitnot durch überfüllte Tage sind nicht die Ausnahme, sondern eher die Regel. Neben der Arbeitswelt trägt zu dieser Entwicklung auch der Selbstoptimierungswahn bei, mit dem wir uns vor allem selbst unter Druck setzen: Wir möchten immer schlanker, schöner, gesünder, fitter und besser werden. In der Arbeitswelt beobachten wir deshalb steigende Fehlzeiten durch kontinuierlich anwachsende Burn-out- und Depressionszahlen. Laut Gallup-Institut hatten im Jahr 2021 immerhin 38 % aller Mitarbeitenden mitunter das Gefühl, innerlich ausgebrannt zu sein. Um dieser Entwicklung entgegenzuwirken, bedarf es neuer Konzepte in Unternehmen, die den Menschen wieder in den Mittelpunkt stellen und die Führungskultur verbessern. Der Megatrend Gesundheit wird deshalb vor allem auch durch den nachfolgenden Trend angetrieben: New Work.

Die Bezeichnung *New Work* beschreibt den strukturellen Wandel unserer Arbeitswelt, der Arbeit neu definiert. Der Begriff wurde durch den österreichisch-US-amerikanischen Sozialphilosophen Frithjof Bergmann geprägt und von den Anforderungen der Generation Y an die Arbeitswelt in den vergangenen Jahren kontinuierlich vorangetrieben. Arbeiten bis zum Umfallen und alle persönlichen Träume auf die Zeit der Rente verschieben? Nein, danke! Auch die Bezeichnung Work-Life-Balance sehen viele Angehörige der Generation Y kritisch, da das Leben doch auch während der Arbeitszeit stattfindet und nicht erst danach.

Erzwungene Präsenzzeiten nach strikten Zeitvorgaben sind deshalb einfach nicht mehr zeitgemäß. Man sehnt sich vielmehr danach, dass Arbeits- und Privatleben fließend ineinander übergehen (Work-Life-Blending), um beides besser unter einen Hut zu bekommen. Wir möchten schließlich Zeit haben für unsere Hobbys, um Sport zu treiben und um uns um unsere Gesundheit zu kümmern oder um das Familienleben besser organisiert zu bekommen. Womit wir unmittelbar beim nächsten Megatrend sind, denn New Work trägt auch dazu bei, dass familiäre Aufgaben gerechter verteilt werden können.

Der *Gender Shift* bezeichnet die Zukunft der Geschlechterrollen. Die klassischen Rollenbilder von Mann und Frau sind schon längst nicht mehr zeitgemäß: Die Frau am Herd, die sich um Kind und Haushalt kümmert, auf der einen und der Mann, der Karriere macht und das Geld mit nach Hause bringt, auf der anderen Seite, haben in dieser Form immer weniger Bestand. Heute nehmen auch Väter Elternzeit oder bleiben sogar ganz daheim. Dies fördert den Pluralismus, der für individuelle Lebensformen steht, und natürlich auch den Feminismus, bei dem es nicht nur um Sexismus sowie die Gleichstellung von Mann und Frau geht, sondern auch darum, alteingesessene Muster aufzubrechen. Es sollen Themen enttabuisiert werden, über die nie gesprochen wurde, so z. B. die Menstruation oder sexuelle Belästigung. Hat man über solche Themen früher eher ein Mäntelchen gehangen, zeigen sich die Frauen heute mutiger. Sie möchten mit der »Darüber spricht man nicht«-Haltung brechen und nicht länger im Stillen leiden und über einen Teil ihres Lebens ein Sprechverbot verhängen. Das hat die

#metoo-Bewegung gezeigt und verdeutlicht auch folgendes Beispiel:

Im April 2021 saß ich Montag Abend vorm Fernseher und verfolgte die TV-Unterhaltungsshow »Höhle der Löwen«, in der sich Leute mit innovativen Geschäftsideen um Investitionskapital bewerben. Stirnrunzelnd sah ich dem Pitch der Gründer von Pinky Gloves zu – einem pinken Plastikhandschuh, mit dem eine Frau ihren benutzten Tampon diskret wegwerfen kann. Der Handschuh sollte einerseits die Frau davor schützen, mit ihrem eigenen Blut in Kontakt zu kommen, und andererseits im Anschluss als Müllbeutel dienen. Mein erster Gedanke war: »So etwas braucht doch kein Mensch?!«, und ich dachte unmittelbar an die unnötige Plastikverschwendung. Überrascht verfolgte ich, dass einer der Investoren dem Start-up einen Deal anbot und 30.000 Euro investierte. Es dauerte nicht lange, bis ich auch auf Instagram noch während der TV-Ausstrahlung die ersten Reaktionen auf das Produkt mitbekam. Schon bald überschlugen sich die Kommentare – durch die Bank weg kritisch bis hin zu vernichtend. Binnen weniger Minuten breitete sich ein heftiger Shitstorm aus, der auch in den darauffolgenden Tagen nicht abflaute. Auch wenn ich die Produktidee selbst nicht gut fand, machte mich der Ton, mit dem die beiden Gründer angegangen wurden, betroffen.

Was war passiert?

Es sind ziemlich schnell einige Grundsatzdebatten ausgebrochen. Feministinnen empörten sich, dass mit Pinky Gloves die weibliche Menstruation als etwas Unhygienisches dargestellt wurde, und Umweltaktivist*innen waren wütend, dass das Produkt überhaupt nicht nachhaltig war. Vor allem wurde aber auch darüber debattiert, dass zwei Jahre zuvor zwei Frauen in »Höhle der Löwen« ohne Deal nach Hause gegangen waren, die nachhaltige und fair produzierte Periodenunterwäsche erfunden hatten – ein Produkt, das zum damaligen Zeitpunkt wirklich innovativ war und noch dazu die Umwelt geschont hätte, da durch den Wechsel auf die Unterwäsche jede Menge Binden und Tampons eingespart worden wären. Die Erfinderinnen bekamen zwar ein Angebot von der Löwin Judith Williams, aber nur für die dreifachen Firmenanteile, die die Gründerinnen ursprünglich angeboten hatten. Sie lehnten deshalb ab – von den männlichen Investoren machte niemand ein Angebot mit der Begründung: Es sei ein Frauenprodukt und für sie uninteressant. Ganz anders sah es bei Pinky Gloves zwei Jahre später aus. Die Gründer bekamen mit einem Produkt, das die Welt nicht braucht, den Deal. Die Diskussion in den sozialen Medien drehte sich deshalb auch um die Frage: Lag es daran, dass diesmal zwei Männer ein Frauenprodukt präsentierten? Der Verdacht ist nicht ganz abwegig. Gründerinnen haben es schwer in Deutschlands Start-up-Welt. Nicht nur, dass es weit weniger Gründerinnen gibt als Gründer, sie erhalten auch seltener Investitionsgelder von sogenannten Business Angels und wenn doch, dann tendenziell eine geringere Summe.[14]

Im Fall Pinky Gloves trafen also mehrere Themen aufeinander, die für reichlich Konfliktpotenzial sorgten. Die beiden Gründer Eugen und André zogen kurze Zeit später übrigens die Reißleine und nahmen Pinky Gloves vom Markt. Aufgrund der Anfeindungen im Netz, aber auch in der Offlinewelt, gingen sie sogar so weit und setzten ihre ganzen sozialen Kanäle auf inaktiv. In einem Statement auf ihrer Website entschuldigen sie sich dafür, dass ihr Produkt und die dazugehörige Kommunikation nicht sehr durchdacht waren.[15] Diese Geschichte zeigt, welche Macht wir als Konsument*innen letztendlich haben.

Das Produkt Pinky Gloves schlug auch deshalb solche Wellen, weil es den Nachhaltigkeitsaspekt komplett außer Acht ließ und dies tatsächlich ein weiterer Megatrend ist, der unter dem Begriff *Neo-Ökologie* zusammengefasst wird. Er »beschreibt den großen gesellschaftlichen Veränderungsprozess hin zu einem ressourceneffizienten, nachhaltigen Wirtschaften«.[16] Dieser Trend hat insbesondere in den letzten Jahren einen richtigen Boom erfahren und ist längst kein Nischenthema mehr. Auslöser ist das zunehmende Bewusstsein für den Klimawandel mit seinen fatalen Folgen, der viele von uns in unserem Konsum und Tun zum Nach- und Umdenken bringt. Wetterextreme, wie sie sonst nur alle Jahrzehnte einmal vorkamen, werden häufiger: ob die Hochwasserkatastrophe 2021 in Deutschland, verheerende Waldbrände in Australien und Kalifornien oder lang anhaltende Dürreperioden und damit verbundene Ernteausfälle. Die Folgen zeigen sich in bestimmten Regionen der Welt in wachsenden Hungersnöten, und dies, obwohl auf der Erde eigentlich genügend Nahrungsmittel für alle Menschen produziert werden. Aber während wir im globalen Norden viele Lebensmittel verschwenden, haben andere Länder nicht genug. Allein in Deutschland landen pro Jahr knapp elf Millionen Tonnen Lebensmittel im Müll. [17]Die Verteilung ist also mehr als ungerecht und die Bedingungen, unter denen unsere Nahrung produziert wird, sind es auch – genauso wie die Fleisch- und Milcherzeugung, wenn man an die qualvolle Massentierhaltung denkt.

Die Dokumentationen »Seaspiracy« und »Cowspiracy« von Kip Andersen haben mich wachgerüttelt, wie viele andere vermutlich auch.[18] In den Filmen wird auf den Zusammenhang zwischen Fisch- und Viehzucht und dem Klimawandel hingewiesen. Die weltweite Fleisch- und Fischindustrie produziert mehr schädliche Treibhausgase als alle anderen Abgasemissionen zusammen. Somit tragen wir durch unsere Ernährung wesentlich zum Klimawandel bei – ohne dass ein Großteil von uns sich dessen bewusst ist. Obwohl ich mich nicht vegan ernähre, hat durch die Filme auf jeden Fall ein Umdenken in mir stattgefunden. Ich esse nicht bloß viel weniger Fleisch als früher, ich kaufe es überwiegend auch nur noch auf dem Wochenmarkt beim regionalen Erzeuger meines Vertrauens. Insgesamt denke ich mehr darüber nach, was ich esse. Ich bin mir aber auch bewusst, dass sich das gar nicht alle leisten können. Geringverdienende meiden wohl eher teure Wochenmärkte. Gesunde Lebensmittel sind teilweise noch immer ein Privileg und noch nicht für alle zugänglich (es sei denn, man verzichtet ganz auf tierische Produkte, das geht vielfach erstaunlich kostengünstig). Aber es tut sich was. Bioobst und -gemüse sind inzwischen auch in Discountern erhältlich, genauso wie Biofleisch. Ein wichtiger Schritt in die richtige Richtung. Aber nicht immer liegt es an den Preisen, dass wir nicht zu solchen Lebensmitteln greifen. Manchmal ist es Bequemlichkeit, mitunter Unwissenheit und bisweilen auch Unüberlegtheit. Das wurde mir erst neulich in einem Gespräch klar.

EXKURS

Die Frau, die neben mir sitzt, – nennen wir sie Frau Müller – ist um die siebzig, gut situiert, gebildet, wohlhabend. Empört spricht sie über die Zustände in Mastanlagen. »Eine Sauerei ist das« und »ekelhaft, die Tiere dort so leiden zu lassen und mit Antibiotika vollzustopfen«, redet sie sich in Rage. »Und dann wird das Fleisch für 1,99 Euro im Discounter verkauft, das ist ein Unding. So etwas will und sollte niemand essen« – bis auf ihr Hund, denn sie fügt hinzu: »Ich hole das immer nur für unseren Hund.« Ich verschlucke mich fast an meinem Glas Wein und denke, ich habe mich verhört. Irritiert schau ich sie an und frage noch einmal nach: »Für den Hund?« »Ja«, lacht sie, »der merkt den Unterschied ja schließlich nicht.«

Über so viel Kurzsichtigkeit kann man nur den Kopf schütteln. Das verarbeitete Tier musste ja vorher trotzdem leiden, die Treibhausgase wurden allein schon durch die Tierhaltung, den Transport und die Lagerung produziert und das Bestellsystem der Supermärkte weiß schließlich auch nicht, wer das Fleisch am Ende isst. Es gab einen verbuchten Warenausgang? Prima, der Bedarf ist da, das Produkt kann im Sortiment bleiben. Nachfrage bestimmt bekanntlich das Angebot.

Allgemein geht der Bedarf an Fleisch hier in Deutschland trotzdem tendenziell zurück, insbesondere bei der jungen Generation. Hier gibt es signifikant mehr Menschen, die sich vegetarisch oder vegan ernähren, als im übrigen Bevölkerungsdurchschnitt. Grundsätzlich wächst also das Bewusstsein für eine pflanzenbasierte Ernährung aus unterschiedlichen Gründen: weil es gesünder ist, dem Tierwohl dient und etwas gegen den Klimawandel unternimmt. Laut Statista stieg die Anzahl derer, die sich vegan ernähren, allein im Jahr 2020 um 280.000 Personen, Tendenz weiterhin steigend. Und hier sind diejenigen, die sich vegetarisch ernähren, noch gar nicht mit eingerechnet.[19]

Auch der Markt für nachhaltige Produkte floriert, egal ob im Supermarkt, im Bekleidungsgeschäft oder in der Drogerie. Mehr und mehr Menschen achten heute darauf, was sie kaufen, und wägen ihre Kaufentscheidungen gut ab. Fashion soll fair sein, Shampoo fest und Strom ökologisch. Um es den Menschen beim Konsumieren leichter zu machen, etwas Gutes zu tun, hat Sebastian Stricker eine geniale Idee gehabt. Er hat das Start-up *Share* gegründet, bei dem man beim Kauf eines Produktes automatisch ein Gleichwertiges für Menschen in Not spendet. Über eine Million Menschen konnten mit diesem Prinzip schon mit Mahlzeiten unterstützt werden. Darüber hinaus wurden Brunnen gebaut, Kindern der Zugang zu Bildung ermöglicht und vieles mehr. Auf der Website sticht mir folgendes Zitat ins Auge: »Menschen wollen Gutes tun und es ist die Aufgabe von modernen Unternehmen, ihnen das so einfach wie möglich zu machen.«[20]

Und es stimmt, wenn man nachhaltig und sozial verträglich einkaufen möchte, ist das meistens gar nicht so leicht. Oft scheitert es an der Intransparenz der produzierenden und vertreibenden Unternehmen oder der verschiedenen Öko-Siegel, und es erfordert schon etwas Zeit und gute Recherche, um als Verbraucher*in den Durchblick zu bekommen. Das verprellt potenzielle Konsument*innen, die sich dann oft genervt gegen ein Produkt entscheiden. Die neuen Ansprüche der aufgeklärten Verbraucher*innen üben gleichzeitig Druck auf herkömmliche Unternehmen aus, die jetzt in Sachen Transparenz, Nachhaltigkeit, Fairness etc. nachziehen (müssen), möchten sie über kurz oder lang noch erfolgreich sein. Die Politik sollte den Regulierungsmechanismen des Marktes hier aber nicht blind vertrauen, sondern unbedingt unterstützen und dafür sorgen, dass die Richtlinien für Produkte strenger werden.

Apropos Politik: Auch hier steigt der Druck. Das Wissen um die Dringlichkeit, etwas grundlegend ändern zu müssen, wenn das Leben auf unserem Planeten auch zukünftig für möglichst alle lebenswert sein soll, ist durchaus da. Erst 2015 einigten sich insgesamt 189 Staaten nach langjährigem Ringen auf das Pariser Klimaabkommen und damit auf das Ziel, die globale Erderwärmung auf 1,5 Grad Celsius zu begrenzen. Da wir in Deutschland in den vergangenen Jahren aber bisher keine ernsthaften Bemühungen an den Tag gelegt haben, dieses Ziel tatsächlich zu erreichen, müssen wir als Gesellschaft den Druck sowohl auf die Wirtschaft als auch auf die Politik erhöhen. Das sagt auch die ehemalige Bundeskanzlerin Angela Merkel in einem Interview mit der Deutschen Welle im November 2021 und fügt hinzu, dass sie zwar immer an dem Thema dran war, aber eben nicht konsequent genug.[21] Und genau diese Konsequenz brauchen wir in Zukunft. Denn um es mit den Worten von Sigmar Gabriel auszudrücken:

»Heute wissen wir: Klimaschutz ist zu einer Überlebensfrage der Menschheit geworden. Klimaschutz ist ein Gebot der Fairness und der Gerechtigkeit gegenüber kommenden Generationen.«[22] Wollen wir also wirklich so weitermachen mit dem Raubbau der Erde auf Kosten unserer Nachkommen? Um ehrlich zu sein: Es ist schon längst nicht mehr eine Frage des Wollens. Wir müssen etwas ändern, um den totalen Kollaps zu verhindern. Spätestens seit dem Ukraine-Krieg ist außerdem klar, dass es auch aus Sicherheitsgründen eine Energiewende in unserem Land und in ganz Europa braucht.

Mit diesem Bewusstsein ist es schwer, sein Herzblut und seine Lebenszeit in einer Arbeitswelt einzubringen, die auf Ressourcenverschwendung aufgebaut ist, und die Unzufriedenheit ist vorprogrammiert. Das hat verschiedene Ursachen, auf die ich im weiteren Verlauf dieses Kapitels eingehe. Kurz gesagt liegt es vor allem daran, dass wir uns neue Fragen stellen. Wie viel konsumieren wir generell? Brauchen wir all den Krempel, der uns umgibt, überhaupt? Was macht das mit unserer Umwelt? Woher kommen die Waren und unter welchen Bedingungen wurden sie produziert? Welche Ressourcen wurden dabei verbraucht oder gar verschwendet?

Unternehmen müssen sich deshalb mehr und mehr darauf einstellen, kritischen Konsument*innen gegenüberzustehen, die es von ihren Produkten und Dienstleistungen zu überzeugen gilt, wollen sie auf Dauer erfolgreich sein. Sie werden mehr denn je danach beurteilt, wie sie mit dem Thema Nachhaltigkeit umgehen und auch wie ethisch korrekt und sozial verträglich sie sich verhalten. Dies wurde im Jahr 2020 zu Beginn der Coronapandemie am Sportartikelhersteller Adidas deutlich, als dieser seine Mietzahlungen für die deutschlandweiten Filialen einstellte, obwohl das Unternehmen kurze Zeit vorher die Rekordzahlen des Vorjahres veröffentlicht hatte. Es kam zu einem großen Aufschrei in der Öffentlichkeit, in dessen Folge der Vorstandsvorsitzende Kasper Rorsted zurückrudern musste.[23] Wir können daraus ableiten, dass es einer Anpassung der bisher angebotenen Produkte und ihrer Herstellungsweise sowie des Sozialverhaltens der Unternehmen und ihrer Außenkommunikation bedarf, wollen die Unternehmen gegenüber den kritischen Konsument*innen bestehen. Gelingen kann das nur, gesetzt den Fall, dass sich auch die Unternehmenswerte ändern und echte Nachhaltigkeit und soziale Werte in den Fokus rücken. Alles andere ist nicht authentisch. Sein Image mit Greenwashing aufzupimpen, das heißt mit PR-Maßnahmen gezielt ein umwelt- und verantwortungsbewusstes Bild vom Unternehmen zu zeichnen, ohne dass es dafür eine Grundlage gibt, schadet mehr, als dass es letztendlich nutzt. Um als Unternehmen zukunftsfähig zu sein, muss das Thema Nachhaltigkeit also zwangsläufig und glaubwürdig in den Fokus rücken. Wofür sollten auch Produkte produziert werden, wenn die Menschheit sowieso keine Zukunft hat? Um die Ressourcenverschwendung einzudämmen, beschäftigen sich insbesondere grüne Start-ups mehr denn je mit Upcycling und Recycling. Hierbei werden Produkte, die man nicht mehr benötigt, zweckentfremdet oder Abfallstoffe zu neuen Produkten weiterverarbeitet. Möglichkeiten gibt es viele und wir stehen noch ganz am Anfang dieser Entwicklung.

Die Konsument*innen von heute sind also informiert und fordern Transparenz. Finden sie diese nicht oder ist das Ergebnis der Recherche nicht zufriedenstellend, kaufen sie das Produkt entweder woanders oder stellen es gleich selbst her. Es gibt schließlich noch eine weitere Bewegung: den Selbstversorgungstrend. Dieser hat den Vorteil, dass man nicht nur weiß, woher die Nahrungsmittel kommen und wie sie produziert wurden, sondern dabei auch noch jede Menge Müll einspart sowie lange Transportwege und Kühlketten wegfallen, was die Energiebilanz der selbst produzierten Produkte unschlagbar macht. Da viele von uns in Städten wohnen und keinen eigenen Garten haben, wird in diesem Zusammenhang Urban Gardening kontinuierlich beliebter und auch die Sharing-Kultur hat in den vergangenen Jahren einen Boom erlebt: Warum soll ich mir eine Bohrmaschine, die ich vielleicht bloß ein- bis zweimal im Jahr brauche, neu kaufen, statt sie mir in der Nachbarschaft einfach zu leihen? Das gilt für vieles, was die meisten nur ab und an brauchen: bestimmtes Werkzeug und andere Hilfsmittel (von Leitern über Schubkarren bis zum Fahrrad- oder Autoanhänger). Die Devise lautet: Ich muss nicht alles besitzen, um es zu nutzen. Zugang ist wichtiger als Besitz.

Das höhere Umweltbewusstsein hat natürlich nicht nur Auswirkungen auf die Bedürfnisse der Konsument*innen, sondern auch auf die der Mitarbeiter*innen. Logisch, schließlich sind alle, die arbeiten, gleichzeitig auch Verbraucher*innen. Der eigene Arbeitgeber wird immer häufiger einer Nachhaltigkeitsprüfung unterzogen. Und schneidet dieser schlecht ab, führt das durch die auseinanderklaffenden Werte zu einer wachsenden Unzufriedenheit der Arbeitnehmer*innen und im Zweifel zur Kündigung. Langfristig wird ein solcher Arbeitgeber keine neuen Mitarbeiter*innen finden, die bereit sind, für ihn zu arbeiten. Angesichts des derzeitigen Fach- und Nachwuchskräftemangels wäre das für die Unternehmen fatal. Die Mitarbeiter*innen können es sich schließlich aussuchen, wo sie arbeiten möchten, und die Unternehmen stehen neben dem bundesweiten Wettbewerb auch in einem globalen. Denn nicht nur die Grenze zwischen Arbeit und Freizeit verschwimmt mehr als jemals zuvor, sondern im Grunde genommen alle Grenzen, auch die geografischen.

Noch nie war die Welt stärker vernetzt als heute. Die *Globalisierung* schreitet weiter voran und ist ein Treiber aller übrigen Megatrends. Waren und Dienstleistungen werden weltweit getauscht, Strom über Ländergrenzen hinweg transportiert und Unternehmen im Ausland gegründet. Immer mehr Menschen arbeiten zudem ortsunabhängig und reisen als digitale Nomaden um die Welt. Mit den Menschen, die sie vor Ort kennenlernen, bleiben sie über die sozialen Medien wie Facebook, Instagram und Co vernetzt. Die weltweiten Verflechtungen von etwa Wirtschaft, Politik, Kommunikation und privaten Individuen treten offen zutage, sobald etwas die reibungslosen Abläufe stört. Technische Probleme im Zahlungs- und Lieferverkehr können immense Auswirkungen auf den globalen Handel und die Versorgung haben. Das sehen wir auch im Ukraine-Krieg, wenn der russische Präsident Putin die Ausfuhr von Weizen über die ukrainischen Seehäfen verhindert und damit weltweit Hungersnöte riskiert. Die wirtschaftlichen Abhängigkeiten wurden den meisten von uns erst in der Coronapandemie durch die unterbrochenen Lieferketten so richtig bewusst, genauso, was es bedeutet, in seiner Mobilität eingeschränkt zu sein. Im Lockdown und konfrontiert mit

Ausgangs- und Reisebeschränkungen war die digitale Vernetzung für viele von uns deshalb ein Segen: Offline ging nichts, online vieles. Der dabei erzeugte Digitalisierungsschub lässt sich nicht mehr rückgängig machen, und das ist gut so.

Aber nicht nur die Menschen vernetzen sich, sondern auch Produkte werden zunehmend smarter und kommunizieren untereinander. Ob Handy, Armbanduhr, Fernseher oder Kühlschrank, sie alle können inzwischen mit dem Internet verbunden sein und Daten austauschen. Diese zunehmende *Konnektivität* schafft mehr Möglichkeiten für uns, erfordert aber auch entsprechendes Know-how bei den Anwender*innen, um die Produkte auch bedienen zu können.

Dies und viele andere Faktoren führen dazu, dass wir heute in einer *Wissenskultur* leben. Was bedeutet das? »Die Welt wird schlauer«, führt das Zukunftsinstitut aus, »[d]er globale Bildungsstand ist so hoch wie nie und wächst fast überall weiter. Befeuert durch den Megatrend Konnektivität verändern sich unser Wissen über die Welt und die Art und Weise, wie wir mit Informationen umgehen. Bildung wird digitaler. Kooperative und dezentrale Strukturen zur Wissensgenerierung breiten sich aus, und unser Wissen über das Wissen, seine Entstehung und Verbreitung, nimmt zu.«[24] Um mithalten zu können, müssen wir nicht nur Wissen aufbauen, sondern vor allem auch up to date halten. Unser Wissen verändert sich so rasant, dass es nicht reicht, einmal im Leben einen Beruf zu erlernen und dann nach drei Jahren Ausbildung zu sagen: »Ich habe jetzt ausgelernt.« Die Auffassung vom lebenslangen Lernen etabliert sich zusehends und wird es weiterhin tun. Auch was wir lernen, verändert sich: Haben wir früher Gedichte auswendig gelernt oder das Periodensystem im Chemieunterricht, geht es heute verstärkt um die Anwendung des Gelernten, logisch, denn in einem Zeitalter, in dem wir alles googeln können, braucht es, um Wissen allzeit parat zu haben, keine auswendig gelernten Fakten. Bis die in unserem Hirn sind, sind sie im Zweifel schon veraltet. Das stellt im Bildungssektor eine unheimliche Herausforderung dar. Lehrkräfte, die wie früher einmalig nach ihrem Referendariat ihre Overheadprojektor-Folien für den Unterricht erstellten und anschließend meinten, für den Rest ihres Berufslebens mit der Unterrichtsvorbereitung fertig zu sein, werden nicht mehr durchkommen, weil sich das Wissen selbst und die Art der angemessenen und erfolgreichen Wissensvermittlung ständig ändern. Auch unser Ausbildungskonzept muss sich daran anpassen und Rahmenlehrpläne flexibler werden. Parallel wächst zusätzlich die Notwendigkeit, Fakten zu reflektieren und zu überprüfen. Fake News sind schnell verbreitet und in die Köpfe gepflanzt. Damit wir selbst nicht Gefahr laufen, Falschmeldungen auf dem Leim zu gehen, ist es wichtig, Quellen richtig einordnen und auf ihren Wahrheitsgehalt prüfen zu können.

Der Großteil der deutschen Bevölkerung lebt inzwischen in der Stadt, Tendenz steigend. Diese Landflucht führt zu einer wachsenden *Urbanisierung* und leider auch dazu, dass Dörfer und Kleinstädte immer unattraktiver werden. Innenstädte veröden, Restaurants und Kneipen müssen schließen, ebenso Krankenhäuser und Schulen – meine eigene z. B.: Das Gymnasium, auf dem ich war, gibt es nicht mehr und auch meine ehemalige Grundschule wurde vor wenigen Jahren abgerissen. Anstelle der Schule steht nun eine Wohnanlage mit Betreuungsangebot im Dorfmittelpunkt. Das ist sinnbildlich für die Alterung der Gesellschaft. Geburtsstationen werden nach und nach geschlossen, betreutes Wohnen erfährt hingegen einen regelrechten Boom, genauso wie Pflegedienste. Jedoch gibt es einen weiteren Trend mit gravierenden Folgen auf das Gesundheitssystem: Neben dem ohnehin schon großen Fachkräftemangel zieht es auch immer weniger Ärztinnen und Ärzte aufs Land. Die Schwierigkeiten, dort Nachfolger*innen für Hausarztpraxen zu finden, sind groß. Eine Position als Landärztin oder -arzt ist für viele schlichtweg nicht attraktiv, die Arbeitszeiten sind entgrenzt, das Spektrum der zu behandelnden Krankheiten ist riesig, genauso wie das Einzugsgebiet, in dem Hausbesuche zu leisten sind. Die fehlende Infrastruktur und Nahversorgung (um nur zwei Punkte zu nennen) macht den ländlichen Raum auch aus privaten Gründen für Mediziner*innen wenig attraktiv. Hinzu kommt, dass sich als Facharzt oder -ärztin mehr Geld verdienen lässt, und diese arbeiten in großen Krankenhäusern, Unikliniken oder Facharztpraxen in der Stadt. Für viele Berufssparten gibt es in den Großstädten spezialisiertere Jobs, was einen spannenderen Arbeitsalltag und ein größeres Gehalt verspricht. Aber natürlich hat es im Gesundheitsbereich besonders große Auswirkungen auf unsere Lebensqualität, falls wir nicht an unserem Wohnort versorgt werden können. In der Pandemie haben wir zu spüren bekommen, was es heißt, wenn planbare OPs aufgrund zu geringer Kapazitäten nicht durchgeführt werden können oder Patient*innen zur Behandlung in andere Regionen verlegt werden müssen. »Etwa 22 Prozent der Ärzte in Kliniken und Praxen sind nur noch wenige Jahre berufstätig oder stehen unmittelbar vor der Rente.«[25] Um der in Kürze eintretenden Versorgungslücke im medizinischen Bereich zu begegnen, ist z. B. in NRW die zahlenmäßige Beschränkung der Zulassung zum Medizinstudium aufgeweicht worden, indem die Landarztquote eingeführt wurde. Erhält man dank dieser Quote einen Medizinstudienplatz, verpflichtet man sich im Gegenzug dazu, nach dem Studium für mindestens zehn Jahre als Landärztin oder -arzt tätig zu sein.[26] Der Kampf um die besten Arbeitskräfte ist auf dem Land am härtesten. Nirgendwo anders stehen die Arbeitgeber in einem solch großen Konkurrenzkampf wie in ländlichen Regionen, weshalb sich die Unternehmen etwas einfallen lassen müssen, um ihren Betrieb am Laufen zu halten.

Ich selbst habe immer gern auf dem Land gewohnt – bis ich weggezogen bin, um meine Berufsausbildung anzutreten. Und es ist gekommen, wie meine Eltern es stets befürchtet hatten: Heute ist ein Leben auf dem Land für mich nur schwer vorstellbar. Ich mag die Anonymität in den Großstädten, was den Vorteil hat, dass nicht jede*r jede*n kennt und deshalb auch nicht über jede*n geredet wird. Ich mag das vielfältige Angebot an Gastronomie, die kurzen Wege und dass man nahezu alles zu Fuß erledigen kann – auch abends. Niemand braucht sich also darum zu kümmern, wer fährt und nichts trinkt oder ob man sich lieber ein Taxi teilt. Man geht einfach aus dem Haus raus und steht mitten im pulsierenden Leben. Zu Fuß, mit dem Rad oder mit der Bahn ist alles erreichbar. Das ist ein großer Luxus für mich, auch wenn ich zugeben muss, dass die Partynächte mit den Jahren seltener geworden sind. Aber man könnte, und das allein ist eben oft schon viel wert.

Auch sonst ist es einfach bequem. Beim Einkaufen etwas vergessen? Kein Problem, der Supermarkt ist ja nicht weit entfernt und fußläufig zu erreichen. Es ist Sonntag? Dank Veedels-Kiosk oder Späti ist auch das kein Problem. Getränkekisten schleppen? Nicht mit den neuen Lieferdiensten, die alles in die Wohnung tragen. So wie das Start-up Flaschenpost, das verspricht, die Getränkebestellung innerhalb von 120 Minuten zu liefern – ein echter Segen und ein Grund mehr, das eigene Auto stehen zu lassen oder gar abzuschaffen.

Dies ist auch ein Grund dafür, dass sich die *Mobilität* verändert. Wohnt man in der Stadt, ist das eigene Auto im Grunde überflüssig, es sei denn, es wird benötigt, um stadtauswärts zu seiner Arbeit in einer ländlichen Region zu pendeln, die nicht an das ÖPNV-Netz angebunden ist. Sonst steht das Auto oft einfach nur rum, wenn man überhaupt einen heiß umkämpften Parkplatz findet oder eine der begehrten Garagen hat, die im Portemonnaie jedoch ordentlich zu Buche schlagen. Darum verzichten immer mehr Menschen auf ein eigenes Auto. Sollte man doch mal eines brauchen, ist das durch die vielen Carsharing-Anbieter kein Problem. Spätestens in der Nachbarstraße findet man in der Regel ein Auto, das man sich per App mieten und am Ankunftsort einfach stehen lassen kann, sobald man es nicht mehr braucht. Und selbst dann, wenn man auf den Komfort eines eigenen Autos nicht verzichten möchte oder über einen längeren Zeitraum mobil sein muss, kann man sich den Autokauf sparen, denn dafür gibt es schon längst attraktive Abomodelle, mit denen sich ein Auto für eine bestimmte Dauer abonnieren lässt.

Aber das Leben in der Großstadt hat auch eine Schattenseite: Es ist teuer. Obwohl die Generationen Y und Z durch ihren hohen Ausbildungsstandard in den meisten Fällen gut verdienen, ist es trotzdem schwierig, den Lebensstandard, den unsere Eltern uns ermöglicht haben, zu halten. Gerade in den Großstädten geht inzwischen vielfach deutlich mehr als ein Drittel des Gehalts für die Miete ab – gesetzt den Fall, dass man überhaupt eine Wohnung von den eigenen Mitteln bezahlen kann. Nicht wenige von uns benötigen in ihren Dreißigern immer noch eine Elternbürgschaft, um eine Wohnung in München, Frankfurt oder Stuttgart zu mieten, also in einem Alter, in dem andere auf dem Dorf schon das erste Haus abbezahlen. Bei einer Miete von 18,48 Euro pro Quadratmeter zahlt man in München schon einen vierstelligen Betrag für eine gewöhnliche 60 Quadratmeter große Zweizimmerwohnung,[27] kalt natürlich und der Kühlschrank ist dann auch noch nicht gefüllt. Geringverdiener*innen haben da trotz Vollzeitjob kaum eine Chance, etwas Bezahlbares zu finden, und werden in die Vororte verdrängt. Und auch Selbstständige haben es schwer, bezahlbaren Wohnraum zu finden, denn viele Vermietende ziehen von vornherein nur Festangestellte als Mietpartei in Betracht. Eigentum ist bei diesem Preisniveau selbst für Akademiker*innen oft keine Alternative – zumindest nicht in der Großstadt. Aber was ist die Lösung? Zurückzuziehen aufs Land allein der Kosten wegen? Für die meisten von uns keine wirkliche Option. Also was tun angesichts der steigenden Mieten in den Städten?

Schon jetzt bröckelt unser Wohlstand. Im Vergleich zu unseren europäischen Nachbarn haben wir im Durchschnitt pro Kopf weniger Vermögen, obwohl Deutschland zu den reichsten Ländern der Welt gehört.[28] Aber das Geld ist ungleichmäßig verteilt. Die

Mittelschicht schrumpft, das heißt, die Reichen werden immer reicher und die Armen immer ärmer. Die vielen, gerade unter den 35-Jährigen verbreiteten, befristeten Arbeits-, Leih- und Zeitarbeitsverträge[29] sowie Minijobs befeuern diesen Trend und führen außerdem dazu, dass die gefühlte Sicherheit abnimmt. Für die steigende Verunsicherung der Lebens- und Arbeitsverhältnisse gibt es sogar einen Begriff: Prekarisierung. Aber auch eine unbefristete Tätigkeit in Vollzeit kann prekär sein. Nämlich in Fällen, wenn ein zu niedriger Lohn gezahlt wird, um davon leben zu können, wiederholt Kündigungswellen auf einen zukommen und der Leistungsdruck stetig steigt.[30] Dabei ist in Zeiten, in denen eine Krise die nächste jagt, *Sicherheit* ein großes Thema. Die Gefahren unserer Zeit sind wesentlich komplexer als die aus der Steinzeit. War es damals der Säbelzahntiger, der plötzlich vor einem stand, sind die Gefahren heute komplizierter und vor allem oft auch subtiler, ob Cyberangriffe im Netz, Biotechnologie oder das fortgesetzt häufigere Auftreten von Naturkatastrophen. Die Coronapandemie hat uns allen unweigerlich gezeigt, dass große Gefahren für die Augen nicht unbedingt sichtbar sind. Wie wir in der Maslow'schen Bedürfnispyramide gesehen haben, hat Sicherheit für uns Menschen eine hohe Priorität. Dies hat uns der Krieg in der Ukraine wieder ins Bewusstsein gebracht: Alles hat keinen Wert, solange wir und unsere Lieben nicht sicher sind.

***

Das war ein kurzer Abriss aller vom Zukunftsinstitut ermittelten Megatrends. Zu jedem von ihnen gibt es übrigens auch einen Gegentrend. So ist – ausgelöst durch die steigenden Mietpreise und nicht zuletzt auch die Coronapandemie – neben der Urbanisierung auch eine Stadtflucht zu beobachten. Insbesondere im Lockdown wurde vielen der Luxus eines eigenen Gartens bewusst und durch die Homeoffice-Pflicht war es schließlich egal, wo man wohnte. Das Pendeln fiel ja weg, sodass einige einen Umzug aufs Land durchaus in Erwägung zogen. Welcher Trend sich zukünftig durchsetzt, bleibt abzuwarten.

Natürlich gibt es über die Trends und die Gegentrends viel mehr zu schreiben, als ich es hier getan habe. Aber eins ist hoffentlich klar geworden: Es ist naiv zu glauben, dass diese Megatrends keine Auswirkungen auf die Arbeitswelt haben und wir im Job einfach so weitermachen können wie bisher. Nein, das können wir nicht, denn neben den Krisen haben diese Megatrends einen unmittelbaren Einfluss auf unsere Arbeitswelt und die dortigen Herausforderungen, denen wir tagtäglich gegenüberstehen und ausgesetzt sind.

Herausforderungen

Eine der größten Herausforderungen unserer Zeit ist der *Fachkräftemangel,* der uns in einigen Branchen schon jetzt hart trifft, aber in Zukunft noch schlimmer werden wird. Die Coronapandemie hat das Scheinwerferlicht überall dorthin gerichtet, wo das Fehlen von gut ausgebildetem Personal besonders kritisch ist. In der Gesundheitsbranche wurden ausgesprochen verheerende Zustände ans Licht gerückt, die durch die Pandemie verschärft wurden, nicht jedoch ausgelöst. Die Arbeitsbedingungen waren schon vorher schwierig, nur bekam das Gesundheitswesen vor 2020 kein Gehör. Dies war plötzlich anders – Menschen standen an Fenstern und spendeten Pflegekräften und medizinischem Personal anerkennend Applaus und die Zeitungen quollen über mit Schlagzeilen. Gefahr erkannt, Gefahr gebannt? Mitnichten. Nachhaltig und für die betroffenen Angestellten spürbar geändert hat sich zunächst nichts. Im Gegenteil, dadurch, dass viele das Spiel aus warmen Worten, fehlender monetärer Anerkennung und sich weiterhin zuspitzenden Arbeitsbedingungen nicht mehr mitspielen konnten oder wollten, haben viele gut ausgebildete Fachkräfte ihrem Beruf in der Gesundheitsbranche den Rücken gekehrt. Andere wiederum – z. B. Flugbegleiter*innen und Servicepersonal aus der Gastronomie – sind der Branche beigetreten. Da ihnen aber die professionelle Ausbildung fehlt, ist der Gedanke zwar gut, aber das Ergebnis letztlich ein Tropfen auf den heißen Stein. Insofern, als un- oder lediglich angelerntes Personal Expert*innen zwar unterstützen, aber niemals ersetzen kann.

Auch die Gastronomie, die während des Lockdowns schließen und Mitarbeiter*innen in Kurzarbeit schicken oder kündigen musste, hat nun einen noch größeren Personalmangel als zuvor. Die Folgen sind reduzierte Speisekarten, gekürzte Öffnungszeiten, Schließungen. Aber noch weitere Branchen sind betroffen. Die Industrie, das Handwerk und der MINT-Bereich, um bloß einige zu nennen. Der herrschende Fachkräftemangel ist präsenter denn je. Das ist nicht nur für die einzelnen Unternehmen tragisch, sondern kann auch zu einem Systemkollaps führen, der uns alle etwas angeht. Zusammen mit dem steigenden Kostendruck ist das eine fatale Mischung. Denn umso weniger Stellen nachbesetzt werden, umso mehr Mitarbeiter*innen laufen am Limit, leiden unter der permanenten Überlastung und spielen mit dem Gedanken auszusteigen. Früher oder später werden aus Gedanken Taten und die Kündigung wird eingereicht. Schon jetzt ist die Wechselbereitschaft der Mitarbeiter*innen so hoch wie nie und war in Deutschland im Jahr 2021 erstmalig höher als in den USA.[31]

Nicht nur die sinkenden Ausbildungszahlen und der Renteneintritt der Babyboomer*innen führen also zum Fachkräftemangel, sondern auch *schlechte Arbeitsbedingungen*. Schon 2030 sollen allein in Deutschland bis zu 500.000 Vollzeitkräfte in der Pflege fehlen.[32] Bei wachsender Anzahl der Pflegebedürftigen aufgrund der Alterung der Gesellschaft ist dies ein ernsthaftes Problem. Außerdem kann es zu Lieferengpässen kommen, weil es auch in der Logistikbranche vielfach an Leuten mangelt, wie wir an den LKW-Fahrer*innen in Großbritannien gesehen haben.[33] Und diese Probleme gehen uns alle an, schließlich wollen wir weiterhin im Supermarkt vor gut gefüllten Regalen stehen und ohne Wartezeiten Produkte kaufen können. Immer noch haben wir die Erwartung, dass Handwerksbetriebe Aufträge zeitnah annehmen und ausführen. Doch die winken bei neuen Anfragen mittlerweile häufig ab: keine Zeit, kein Personal, kein Material. Wie wichtig die Berufsgruppen der Logistik, des Gesundheitswesens und des Handwerks sind, merken wir erst jetzt, wo sich die klaffenden Personallücken auf unser eigenes kleines Leben auswirken, in dem die Großeltern schlecht betreut sind und die neue Terrasse ein Jahr auf sich warten lässt. Die Arbeitsbedingungen müssen sich dringend verbessern, damit die Berufe in diesen Bereichen wieder attraktiv werden. Dazu gehört insbesondere in der Pflege eine gerechte Vergütung genauso wie weniger *Stress* und mehr Zeit für die beruflichen Aufgaben. Obwohl der Fachkräftemangel, bedingt durch den demografischen Wandel, schon vor vielen Jahren prognostiziert wurde, trifft er viele Unternehmen jetzt mit voller Wucht. Es lief ja immer irgendwie und die Belegschaft, die da war, hat halt fortlaufend mehr Aufgaben on top bekommen. Die jahrelange Vernachlässigung dieser Themen ist nicht nur aus Wettbewerbsgründen fahrlässig, sondern auch aufgrund der Verletzung der Fürsorgepflicht des Arbeitgebers. Die Gesundheit der Mitarbeiter*innen wird wissentlich gefährdet und steigende Burn-out-Zahlen werden ignoriert beziehungsweise in Kauf genommen.

Obgleich sie sicherlich nicht das Allheilmittel sind, könnten zwei Faktoren hier Abhilfe schaffen: *Digitalisierung* und *künstliche Intelligenz*. Beides spart im besten Fall wertvolle Zeit, bei beidem hinken wir hinterher. Deutschland liegt europaweit vor Albanien auf dem vorletzten Platz, was die digitale Wettbewerbsfähigkeit angeht.[34] Nicht nur was die Digitalisierung als solches betrifft, auch die Internetverbindungen sind bei uns miserabel. Und was nützt einem die smarteste Software, wenn das Internet ständig hakt oder ganz ausfällt? Richtig: nichts! Andere Länder sind da wesentlich weiter als wir. Auf meiner Weltreise hatte ich auf Bali oder im australischen Outback teilweise stabileres Internet als auf Deutschlands Autobahnen. Hier haben wir dringenden Nachholbedarf. Was eine zügige und effiziente Digitalisierung allein in der öffentlichen Verwaltung für positive Effekte auf alle Bürgerinnen und Bürger, auf die dortigen Beschäftigten und auf das wirtschaftliche Fortkommen unseres Landes haben würde, können wir fast nur erahnen. Föderalismus und Bürokratisierung erweisen sich bei dem durchaus vorhandenen politischen Willen, Veränderungsprozesse zu beschleunigen, als Hemmschuh.

Auf der anderen Seite ist die künstliche Intelligenz (KI) auf dem Vormarsch und kommt in immer mehr Lebensbereichen zum Einsatz. Das verlangt dringend nach neuen Antworten, vor allem im Hinblick auf unsere Werte und die Frage, wie weit wir die KI entwickeln möchten. Es braucht Expert*innen, die sich diesem Thema annehmen. Es gibt Warnungen seitens der Wissenschaft vor einer superintelligenten KI, die wir Menschen nicht mehr kontrollieren könnten.[35] Auch hier steht also die Überlegung im Raum: Muss es konstant höher, schneller, weiter gehen? Oder wo ziehen wir Grenzen?

Insbesondere in dieser Angelegenheit kommt es zu *Generationskonflikten,* die die Zusammenarbeit in der Arbeitswelt erschweren. Die verschiedenen Altersklassen ticken alle unterschiedlich und werden nicht von den gleichen Werten und Lebensereignissen geprägt. Auch wenn man natürlich nicht alle Menschen einer Generation pauschal über einen Kamm scheren kann, gibt es doch über die breite Masse hinweg gesehen Merkmale, die die jeweilige Generation kennzeichnen. Ausnahmen bestätigen wie immer die Regel. Ich kenne Babyboomer, die der Generation Y vom Mindset her sehr ähnlich sind, und ich kenne Ypsiloner, die von ihren Einstellungen so konservativ wirken wie ältere Generationen. Allein schon wegen der fortschreitenden Individualisierung der Gesellschaft gibt es schon längst nicht mehr *die Jungen* oder *die Alten* und langfristig gesehen wird die Einteilung in eine Generationskohorte vermutlich keinen Sinn mehr ergeben.

Und doch spüren wir heute noch, dass die Vorstellungen der verschiedenen Generationen teils auseinanderklaffen. Wir haben es beim Brexit gesehen, bei dem in England vor allem die Älteren für den Austritt Großbritanniens aus der Europäischen Union gestimmt haben. Und wir sehen es tagtäglich im Umgang mit der Klimakrise, bei dem sich insbesondere die junge Generation für eine bessere Klimapolitik engagiert. Sie werfen den Älteren vor, zu lange auf Kosten zukünftiger Generationen einen klimafeindlichen Lebensstil verfolgt zu haben, sich nicht genügend für den Klimawandel einzusetzen und dessen Brisanz lange Zeit nicht erkannt zu haben. Die Wissenschaft auf der ganzen Welt gibt ihnen recht. Dass der Klimawandel menschengemacht ist, ist lange bewiesen und doch wollen es einige Menschen nach wie vor nicht wahrhaben. Fatal ist es, wenn solche Personen entscheidende Stellen in Politik und Wirtschaft bekleiden. Der ehemalige US-Präsident Donald Trump und der aktuelle Präsident von Brasilien Jair Bolsonaro gehören hierbei wohl zu den berühmtesten Beispielen.[36] Der Klimawandel ist ein emotional aufgeladenes Thema, bei dem sich die Gemüter ziemlich schnell aufheizen können. Spätestens bei der Diskussion über ein Tempolimit auf deutschen Autobahnen oder bei der Reduzierung des Fleischverzehrs bis hin zur veganen Ernährung verhärten sich die Fronten. Die einen halten es für notwendig, die anderen möchten sich nichts verbieten lassen.

Auch in der Arbeitswelt gehen die Vorstellungen an manchen Stellen weit auseinander. So kommt es wiederholt zu Generationskonflikten und Streitigkeiten.

Häufige Streitpunkte sind vor allem der Führungsstil. Die Generationen Y und Z streben nach flachen Hierarchien und möchten auf Augenhöhe arbeiten. Das spiegelt auch ihr Kommunikationsverhalten wider, das – geprägt durch die sozialen Medien und Messengerdienste wie WhatsApp – schnell und direkt ist. Sie agieren außerdem sehr offen und möglichst transparent. Die Älteren sind noch in einer völlig anderen Welt aufgewachsen, die noch stark hierarchisch geprägt war und in der die Rangordnung noch einen ganz anderen Stellenwert hatte. Ihre Arbeitsmoral lag darin, hart und fleißig zu arbeiten, um dann mit einer Gehaltserhöhung oder einem anderen Zuckerli belohnt zu werden. Der Dienstwagen war das Statussymbol schlechthin genauso wie der berühmte Firmenparkplatz, um den Vertreter der Babyboomer und der Generation X regelmäßig streiten. Wir Jungen können darüber nur den Kopf schütteln und innerlich schmunzeln, legen wir auf diese herkömmlichen Statussymbole ohnehin keinen großen Wert.

Zumal es die Chefs (und an dieser Stelle verzichte ich bewusst auf die weibliche Form) all die Jahre leicht hatten. Sie waren schließlich unter sich und saßen in bedeutsamen Positionen fest im Sattel. Die Mitarbeiter*innen taten, was man ihnen sagte, und ließen den Abteilungsleitern im Großen und Ganzen freie Hand. Dieses Bild des alten weißen Mannes prägte bis vor Kurzem die Gesellschaft – ob in der Politik oder eben auch in der Arbeitswelt – und ist nach wie vor vielerorts noch präsent. Leider, da der alte weiße Mann den Wandel in eine wirklich neue Welt bremst. Die deutsche Autorin Sophie Passmann widmete diesem Symbolbild ein ganzes Buch und stellt klar, dass nicht jeder Mann, der alt ist und weiße Haare hat, gleichzeitig auch ein alter weißer Mann ist.[37] Mit dem Begriff »alter weißer Mann« sind Männer in Machtpositionen gemeint, die – aufgrund ihrer Hautfarbe und ihres Geschlechts – gewisse Privilegien genießen und dadurch beinahe automatisch gesellschaftlichen, politischen und finanziellen Einfluss haben. Da sie diesen nicht teilen möchten, fühlen sie sich je nach Charakterstärke vom modernen Feminismus bedroht. Sie sind es schließlich gewohnt, ihre Entscheidungen und ihre Handlungen ausschließlich an ihren eigenen Bedürfnissen beziehungsweise denen ihrer gesellschaftlichen Gruppe, der sie sich zugehörig fühlen, auszurichten. Und in dieser finden Frauen, People of Color und Menschen der LGBTQ-Community oftmals eben keinen Platz – zumindest nicht in Positionen mit Einfluss. Deshalb waren in der Vergangenheit die Chefetagen größtenteils weiß und männlich und sind es teilweise immer noch. Da die alten weißen Männer auch keine Notwendigkeit sehen, daran etwas zu ändern und darum auch kein Mäntelchen hängen, wird der Begriff von Außenstehenden oft als Feindbild verwendet.

Dem machte der CDU-Politiker Friedrich Merz im April 2021 alle Ehre, indem er verächtlich über gendergerechte Sprache twitterte: »Grüne und Grüninnen? Frauofrau statt Mannomann? Einigkeit und Recht und Freiheit für das deutsche Mutterland? Hähnch*Innen-Filet? Spielplätze für Kinder und Kinderinnen? Wer gibt diesen #Gender-Leuten eigentlich das Recht, einseitig unsere Sprache zu verändern?« Pure Provokation, bei der er ohnehin geschlechtsneutrale Begriffe extra noch einmal gendert. Ein Beitrag, der als Alt-Herren-Witz am Stammtisch der Dorfkneipe vielleicht funktioniert, aber ganz gewiss nicht mehr in die heutige Zeit passt. Seine Äußerung kann als Eigentor gewertet werden, denn die Reaktionen ließen nicht lange auf sich warten und kritisierten Friedrich Merz aufs Schärfste. Und auch Sophie Passmann kommentierte den Beitrag: »Der Witz war 2008 ganz lustig und damit sind Sie sich selbst im Vergleich zu Ihrem restlichen Weltbild weit voraus.« 1 : 0 für Passmann.

Es liegt mir fern, einzelne Politiker hier an den Pranger zu stellen, aber an ihnen lässt sich eben doch sehr anschaulich zeigen, wie es um das Mindset bei den alten weißen Männern bestellt ist und wie oft sie sich schon bei banalen Themen gegen den Wandel der Zeit stemmen. Von Gender-Gaga oder Verhunzung unserer Sprache ist dann die Rede, statt sich mit der eigentlichen Bedeutung des Genderns auseinanderzusetzen. Solche unnötigen Provokationen führen lediglich dazu, dass Alt und Jung zusehends weiter auseinanderdriften. Denn die Generationen Y und Z finden eine solche Diskussion nicht nur befremdlich, sondern auch irgendwie peinlich. Sinnvoller wäre es, das Gespräch zu suchen und sich zu bemühen, die andere Sichtweise verstehen zu wollen. Aber diesen Versuch sucht man in vielen Debatten leider vergeblich. Das Traurige daran ist ja, dass wir eigentlich viel entscheidendere Themen auf der Agenda haben, als über ein Gendersternchen zu diskutieren. Damit möchte ich das Thema in keiner Weise bagatellisieren, ganz im Gegenteil. Ich finde allerdings, dass es bei einem Thema, mit dem man so schnell und unkompliziert zu einer positiven Veränderung beitragen kann, eine Zeitvergeudung ist, sich ausschließlich auf dieses Thema einzuschießen. Junge Leute, egal ob männlich, weiblich oder divers, denken sich hingegen: »Alles gut, dann mach ich halt ein Sternchen dran, tut mir nicht weh und einem anderen hilft's, nächstes Thema.« Auch junge Männer wünschen sich eine Veränderung. So erzählte mir ein Klient – Anfang dreißig, angestellt bei einer Unternehmensberatung – dass bei ihm im Unternehmen nur alte weiße Männer arbeiteten und es ihm nicht divers genug sei. Er sah es als eine große Herausforderung an, seine Bedürfnisse wie flexibleres Arbeiten in diesem Umfeld durchzusetzen.

Dass mehr Diversität nicht bloß aus Fairnessgründen wichtig ist, sondern vor allem auch, um strukturellen Rassismus zu vermeiden, wurde mir selbst erst richtig klar, als ich das Buch »It's now« von Janina Kugel, der ehemaligen Vorständin und Arbeitsdirektorin von Siemens, gelesen habe. Sie führt im Buch das Beispiel eines Seifenspenders auf, dessen Sensor die Haut von Schwarzen nicht erkennt und demnach für diese Personengruppe keine Seife spendet. Diejenigen, die den Seifenspender entwickelt hatten, waren weiße Männer, und zwar keine Rassisten, aber sie haben durch ihre eigene unbewusste Voreingenommenheit (»unconscious bias«) die Fähigkeit des Sensors eben beeinflusst und damit den Seifenspender für eine große Gruppe an Menschen unbrauchbar gemacht. Jetzt handelt es sich bei einem Seifenspender lediglich um ein kleines Produkt, allerdings um ein – wie wir in der Pandemie gesehen haben – essenzielles. Malen wir uns jetzt aus, was diese »unconscious biases« für Auswirkungen bei der künstlichen Intelligenz haben können, wird schnell klar, wie bedeutsam es ist, solche Verzerrungen zu vermeiden. Deshalb ist es wichtig, dass Teams nicht nur aus weißen Männern bestehen, sondern möglichst

divers sind. Tristan Horx formuliert es in seinem Buch
»Unsere fucking Zukunft« im Hinblick auf kreative
Teams besonders drastisch: »Wenn in einem Team von
zehn Leuten alle dieselbe Ansicht und denselben Hintergrund haben, kann man neun davon entlassen.«[38]

In der Praxis ist das Gegenteil oft der Fall und das
hat einen bestimmten Grund. Das, was im Privaten oft
von ganz allein geschieht, macht natürlich auch vor der
Arbeitswelt nicht halt: Gleiches zieht Gleiches an. Das
bedeutet, dass wir Menschen, die uns ähneln, automatisch sympathischer finden als solche, die anders sind
als wir selbst. Den oder die finden wir tendenziell eher
komisch. Diese Erfahrung hat wohl jede*r schon mal
gemacht. Das kann auch eine Erklärung dafür sein, warum die alten weißen Männer so gern unter sich bleiben.
Eine Erklärung ist es, aber keine Entschuldigung. Wir
sollten uns diesen Hang, eher den Menschen zu vertrauen, die uns ähneln, immer wieder vor Augen führen.
Insbesondere falls es zu unserem Job gehört, Menschen
einzustellen. Denn auch in Vorstellungsgesprächen
überzeugen uns die Bewerber*innen am meisten, die
einen vergleichbaren Werdegang haben wie wir selbst.
Zusätzlich haben wir bestimmte Stereotype im Kopf,
sobald wir an einige Positionen im Unternehmen denken: Das kann die junge, hübsche Assistentin im Kos-
tüm sein oder der mittelalte Controller um die fünfzig
mit dem grauen Pullunder und karierten Hemd.

Wie dies unter Umständen zu Ungleichbehandlun-
gen im Rekrutierungsprozess führt, habe ich selbst in
meiner Rolle als Recruiterin erlebt. Die Aufgabe einer
Recruiterin ist es, die eingehenden Bewerbungsun-
terlagen anhand vorher festgelegter Kriterien vorzu-
selektieren und die besten Bewerbungen an die jewei-

lige Fachabteilung weiterzuleiten – entsprechend war auch meine Aufgabe. Als wir eine Assistenz suchten, screente ich also die eingegangenen Unterlagen und war froh, dass viele gute dabei waren. Nach einigen wenigen Tagen bekam ich von dem Manager der Fachabteilung Rückmeldung zu den von mir weitergeleiteten Bewerbungen. Er wollte zwei Kandidatinnen zum persönlichen Gespräch einladen. Was mich daran wunderte war, dass es sich bei diesen im Vergleich zu den anderen Bewerber*innen nicht um die bestqualifiziertesten Personen mit den meisten Erfahrungen handelte, sie sich aber optisch sehr ähnelten: weiblich, blond, um die dreißig, attraktiv. Im persönlichen Gespräch überzeugten sie leider beide nicht, weshalb mich der Manager bat weiterzusuchen. In den nächsten Tagen trudelten glücklicherweise weitere Bewerbungen ein. Diese erfüllten alle Anforderungen – formal. Denn kennenlernen wollte der Manager trotz der passenden Qualifikationen niemanden von ihnen. Wir suchten mehr als ein halbes Jahr, und das trotz der Vielzahl geeigneter Interessent*innen. Irgendwann war es einfach offensichtlich: Der besagte Manager wollte eine blonde junge Frau als Assistentin und niemand und nichts anderes – schon gar keinen Mann. Im Zweifel sollte die Stelle halt unbesetzt bleiben. Absurd.

Das Allgemeine Gleichbehandlungsgesetz (AGG), das im Jahr 2006 in Kraft getreten ist, sollte solche Diskriminierungen minimieren und Benachteiligungen aufgrund der Rasse, der Herkunft, des Geschlechts, der Religion oder Weltanschauung, des Vorliegens einer Behinderung, des Alters oder der sexuellen Identität verhindern. So müssen Stellenanzeigen seit diesem Zeitpunkt z. B. neutral formuliert werden, damit sich niemand ausgeschlossen fühlt. Doch von einer Gleichbehandlung sind wir bei der endgültigen Stellenbesetzung in vielen Bereichen noch weit entfernt, wie das obige Beispiel zeigt. Auch Menschen mit Migrationshintergrund haben es schwerer. Es ist bewiesen, dass Personen mit einem ausländisch klingenden Namen seltener zum Vorstellungsgespräch eingeladen werden als sagen wir Annemarie Müller – mit den gleichen Qualifikationen wohlgemerkt.[39]

Aber nicht nur Alt und Jung werden gegeneinander ausgespielt und erleben sich als Gegner*innen. Allgemein ist das »Auf-andere-Zeigen« scheinbar zur Gepflogenheit und der Umgangston rauer geworden. Dabei geht es doch gar nicht darum, dass jede*r alles richtig macht, sondern vielmehr darum, dass wir uns als Gesellschaft in eine bessere Welt bewegen und jede*r etwas dazu beiträgt. Um das zu schaffen, müssen wir uns aufeinander zu bewegen, miteinander sprechen und uns gegenseitig zuhören, dort Brücken bauen, wo die Gräben tief sind. Vor allem müssen wir alle an einem Strang ziehen. Nie war dies wichtiger als heute. Denn wenn die Dynamiken der vorgestellten Krisen, Megatrends und Herausforderungen auf ein altes Denken treffen, führt das unweigerlich zu Frust.

Die Unzufriedenheit wächst

Schaut man sich die Krisen, Megatrends und Herausforderungen in unserer Arbeitswelt an, ist es also nicht verwunderlich, dass viele Arbeitnehmer*innen mit ihrem Job nicht happy sind. Die Unzufriedenheit zeigt sich dabei auf unterschiedliche Art und Weise und hat mehrere Gesichter. Die einen ziehen sich zurück, haben innerlich gekündigt und machen stumpf Dienst nach Vorschrift. Sie entwickeln eine »Mir ist eh alles egal«-Haltung und lassen um 17 Uhr den Stift fallen. Die anderen spornen sich selbst fortwährend weiter dazu an, durchzuhalten, und setzen sich innerlich unter Druck, Leistung zeigen zu müssen und abzuliefern – selbst dann, wenn die anfallende Arbeit aus subjektiver und objektiver Betrachtung gar nicht zu bewältigen ist. Der Zeit-, Kosten- und Leistungsdruck tut sein Übriges dazu und befördert, dass immer mehr von uns ein ungesundes Verhalten an den Tag legen: Es wird rund um die Uhr gearbeitet – Mittagspausen werden ausgelassen und Feierabend ist quasi ein Fremdwort. Man glaubt, man sei multitaskingfähig, und ist stets an mehreren (zu vielen) Aufgaben gleichzeitig dran, und das in einem solch hohen Arbeitstempo, das auf Dauer ohnehin nicht durchzuhalten ist. Die E-Mail-Flut reißt niemals ab und die eingehenden Anrufe und Nachrichten auf sämtlichen Kanälen unterbrechen wiederholt die eigentliche Tätigkeit, an der wir dransitzen. Viele schleppen sich auch noch an Zeitpunkten zur Arbeit, an denen sie eigentlich schon längst nicht mehr können und der Körper ihnen deutlich signalisiert, dass er eine Pause braucht. Aber dafür fehle die Zeit, reden sie sich ein und treiben sich unablässig weiter an. Die Arbeit müsse ja schließlich gemacht werden und könne nicht liegen bleiben, sonst sei der Arbeitsrückstand einfach nicht mehr aufzuholen, höre ich in meinen Coachings. Dass die Anzahl der Aufgaben im Grunde sowieso nicht zu schaffen ist, wird dabei außer Acht gelassen.

Die steigenden Burn-out-Zahlen belegen dies und haben sich laut der Krankenkasse AOK im letzten Jahrzehnt nahezu verdoppelt.[40] Obwohl natürlich noch lange nicht jede*r Burn-out gefährdet ist, liefert unsere Arbeitswelt leider einen optimalen Nährboden für eine solche Diagnose: steigende Anforderungen, ein immer höheres Arbeitspensum bis hin zu unerfüllbaren Vorgaben. Gleichzeitig steigt der Zeitdruck bei sinkenden Einfluss- und Gestaltungsmöglichkeiten. Kommen dazu noch hohe Ansprüche an sich selbst hinzu, Perfektionismus, ein geringes Selbstwertgefühl und Streben nach Anerkennung, ist die Abwärtsspirale vorprogrammiert. Die eigenen Grenzen werden wiederholt ignoriert oder überschritten und Bedürfnisse konsequent ausgeblendet. Aber auch die Identifikation mit den Aufgaben nimmt ab, sobald man kontinuierlich am Limit läuft und Brandlöscher ist: Man hat das Gefühl, nichts und niemandem gerecht zu werden, man funktioniert nur noch und stellt das eigene Tun immer mehr infrage. Irgendwann sind dann alle Energiereserven aufgebraucht und wir sind komplett ausgebrannt. An dieser Stelle gibt es zwei Möglichkeiten: Entweder man ignoriert die Warnzeichen des Körpers weiterhin und bricht irgendwann zusammen, oder man entscheidet sich, etwas zu ändern und sich beruflich neu zu orientieren, besser gesagt: zu flüchten.

Die Frage ist bloß wohin. Einfach kopflos den Job zu wechseln ist meist keine gute Idee. Ist der Frust zu hoch, ist einem das aber egal. Man möchte lieber gestern als heute kündigen und sucht wahllos in irgendwelchen Jobbörsen nach Alternativen. Und zwar noch während der Arbeitszeit. Das sagt zumindest die Jobbörse Stepstone, die ermittelt hat, dass ihre Jobbörse montags vormittags und in der Mittagszeit am stärksten frequentiert wird. Um bei der Suche Erfolg zu haben, muss ich aber erst einmal wissen, wonach ich überhaupt suche und was sich für mich ändern soll. Sonst landet man höchstwahrscheinlich wieder in einem ähnlichen Job, sprich in demselben Theater – nur diesmal mit anderen Hauptdarsteller*innen – und die Vorstellung geht von vorne los.

Wie beim Aufräumen nach Marie Kondō gilt es also auch hier, erst einmal eine gründliche Bestandsaufnahme zu machen, um zu wissen, wo genau das Problem liegt. Mit welchen Aufgaben verbringe ich bei der Arbeit am meisten Zeit – und welche davon liebe ich und welche langweilen mich? Welche sind für mich sinnstiftend und bei welchen habe ich das Gefühl, meine Zeit zu verplempern? Muss ich wirklich bei jedem Meeting mit dabei sein oder kann ich meine Zeit effizienter nutzen? Doch wie bei allem ist auch das Umfeld entscheidend sowie unsere persönlichen Bedürfnisse und Vorlieben, die erfüllt sein müssen, damit wir uns wirklich wohlfühlen. Ich kann schließlich die aufgeräumteste Wohnung haben – wenn sie in einer Gegend liegt, die mir nicht zusagt, und die Hausgemeinschaft, sagen wir mal, schwierig ist, nützt das nicht so viel. Ist die Wohnung im Keller, obwohl ich eigentlich von einem weiten Blick in die Ferne träume, liebe ich Helligkeit und vor meinem Fenster steht eine dicke alte Eiche, die mir das Sonnenlicht nimmt, werde ich mich beim Gang durchs Treppenhaus oder beim Blick durchs Fenster nicht wohlfühlen. Es müssen also alle oder zumindest zahlreiche Faktoren irgendwie stimmen, damit wir mit unserem Job zufrieden sind.

Und hier liegt oft der Hund begraben. Denn die wirklichen Arbeitsbedingungen passen meist so gar nicht zu unseren Vorstellungen. Immer mehr Menschen wünschen sich beispielsweise flexiblere Arbeitszeiten und sehnen sich nach mehr Unabhängigkeit. Doch die Autonomie gibt man in vielen Fällen mit der Unterschrift unter dem Arbeitsvertrag ab. Natürlich nicht bei allen Unternehmen, aber bei zu vielen. Die bis heute gelebten Präsenzkulturen und starren Arbeitszeiten führen zu einer steigenden Unzufriedenheit, die aufgrund der heutigen Möglichkeiten aber nicht sein müsste. Wir könnten in vielen Fällen ortsunabhängig arbeiten und unsere Arbeit von überall aus erledigen, dürfen es aber nicht. Das frustriert umso mehr, weil wir in den letzten Jahren gesehen haben, dass es funktioniert und Mitarbeiter*innen im Homeoffice nicht nur auf dem Sofa liegen, sondern – welch Überraschung – auch wirklich arbeiten. Trotzdem möchten viele Unternehmen nach der Pandemie zur Anwesenheitspflicht zurückkehren. Verrückt, denn so wird nachweislich auch die Arbeitgebermarke geschwächt. Wenn ich mich für einen Job als Kassierer*in, Pfleger*in oder Pilot*in entscheide, weiß ich von vornherein, worauf ich mich einlasse und dass ich vor Ort sein muss. Bei einem Bürojob muss ich dies aber eben nicht. Und das ist das, was so ernüchternd ist: dass die realen Möglichkeiten aufgrund alter Denkmuster nicht ausgeschöpft werden.

Neben der Präsenzpflicht im Betrieb sind es auch die starren Arbeitszeiten, die eine steigende Unzufriedenheit zur Folge haben, insbesondere weil sich eine ständig anwachsende Anzahl von Menschen wünschen, weniger zu arbeiten – und es auch tun – mit dem Ziel, sich eben durch die verringerte Wochenstundenzeit mehr Flexibilität zu verschaffen und mehr Zeit für private Vorhaben zu haben. Der Wunsch nach Teilzeit wächst deshalb auch unter den kinderlosen Erwerbstätigen. Doch es gibt hierbei eine Schattenseite. Weil Personen, die in Teilzeit arbeiten, in einigen Arbeitsumfeldern nach wie vor beharrlich degradiert oder bei Beförderungen übersehen werden. Das unausgewogene Verhältnis zeigt sich auch darin, dass das Statistische Bundesamt eine Tätigkeit in Teilzeit unter 20 Wochenstunden zu den atypischen Beschäftigungsformen zählt – und das, obwohl insgesamt über 4,4 Millionen aller Angestellten in Deutschland in Teilzeit beschäftigt sind, darunter weit mehr Frauen als Männer, wobei auch unter Männern der Wunsch nach Teilzeit wächst. Auch diese möchten nicht länger in einem Vollzeitjob mit tagtäglichen Überstunden das Aufwachsen ihrer Kinder verpassen, obendrein müssen sie sich mehr in die Kinderbetreuung einbringen. Denn die Care-Arbeit ist – bedingt durch die veränderte Rollenverteilung und durch die Tatsache, dass oftmals beide Elternteile arbeiten – nicht länger alleinige Aufgabe der Frau und von vielen Männern heute zum Glück eben so auch nicht mehr gewünscht. Trotz allem ist unsere Arbeitswelt genau auf diesem Konstrukt noch aufgebaut. Sie geht davon aus, dass jemand zu Hause den Haushalt schmeißt und sich um die Kinder oder pflegebedürftigen Eltern kümmert, während eine andere Person (idealerweise der Ehemann) arbeiten geht, deren Verdienst für den Unterhalt der gesamten Familie ausreicht. Dies ist aber nur noch selten der Fall. Deshalb sollten wir nicht allein über hybride Arbeitsmodelle nachdenken, sondern auch die klassische 40-Stunden-Woche überdenken. Müssen wir wirklich fünf Tage die Woche jeweils acht Stunden am Tag einer Erwerbstätigkeit nachgehen?

Neben dem Trend, die Arbeitszeit zu reduzieren, stellen sich immer mehr Menschen vor, wie es wäre, ihr eigenes Ding zu machen. Es klingt verheißungsvoll, sich die eigene Zeit komplett frei einteilen zu können. Von allen Erwerbstätigen sind heute neun von zehn angestellt,[41] Tendenz steigend, stelle ich während meiner Recherche erstaunt fest. Im Umkehrschluss ist die Zahl der Gründer*innen und Selbstständigen also rückläufig. Woran liegt das, frage ich mich. In meiner Coachingarbeit habe ich nämlich einen anderen Eindruck bekommen. Mein Gefühl ist es, dass viele von einer Selbstständigkeit träumen, aber im Traum anscheinend stecken bleiben, anders ist mir die geringe Zahl der Selbstständigen nicht zu erklären. Dabei sind die Rahmenbedingungen aktuell für Businessgründungen äußerst günstig: niedriges Zinsniveau für einen Kredit und nahezu Vollbeschäftigung. Sollte man also mit seiner Gründung scheitern, ist die Wahrscheinlichkeit groß, relativ schnell wieder in ein Anstellungsverhältnis wechseln zu können. Sind wir also auch hier zu ängstlich, um den Sprung in die Selbstständigkeit zu wagen? Wahrscheinlich schon.

Blicken wir zurück in die Historie von Arbeit, ergibt sich lange ein ganz anderes Bild. Als das heutige Deutschland bis vor rund 200 Jahren noch weitgehend agrarisch geprägt war, stellte sich den Menschen die Frage einer Sinnfindung durch Arbeit nicht. Der bäuerliche Alltag wurde durch den Zyklus der Jahreszeiten bestimmt, der vorgab, was wann zu tun war. Es gab so gesehen also gar keine definierte Arbeitszeit, was erledigt werden musste, wurde erledigt. Überhaupt hatte Arbeit, auch mit dem Einzug industrieller Produktionsweisen für die große Mehrheit der erwerbstätigen Bevölkerung, einen anderen Stellenwert als heute, ging es doch darum, die eigene Arbeitskraft zu verkaufen, um Grundbedürfnisse der Familien zu befriedigen. In Anbetracht weitgehend entfremdeter Arbeit erschien der Wunsch nach einer erfüllenden Tätigkeit lange beinahe absurd. Abhängige Arbeit allein zum Lebensunterhalt ging in der bürgerlichen Schicht meistens mit einer klassischen Rollenverteilung einher: Männer arbeiteten außer Haus, Frauen kümmerten sich um die Kinder und den Haushalt. Bis heute ist ein Merkmal, es gesellschaftlich und ökonomisch »geschafft zu haben«, wenn Paare und Familien nicht auf zwei Gehälter angewiesen sind. Der Anspruch, dass Erwerbstätigkeit Spaß machen soll, ist relativ jung. Neben der klassischen Geschlechterrollenverteilung hat sich in den vergangenen Jahrzehnten ebenfalls verändert, welchen Arbeitszweck wir verfolgen. Die eigene Existenzsicherung soll heute mit persönlicher Sinnstiftung zusammenfallen. So geht es in den meisten Fällen eben nicht mehr nur um den reinen Broterwerb, denn Arbeit ist viel mehr als das. Von der Arbeit hängt unser Einkommen ab und unser Ansehen. Sie erfüllt uns zudem normalerweise mit Sinn und gibt uns eine Aufgabe. Unser Leben bekommt durch unseren Job eine Struktur und durch ihn steigern wir unser Selbstwertgefühl. All das sind Gründe, warum die meisten von uns arbeiten möchten und – wie verschiedene Studien und Experimente zeigen – selbst dann nicht damit aufhören würden, bekämen sie beispielsweise ein bedingungsloses Grundeinkommen.

Aber was ist, wenn der Job uns eben nicht mit Sinn erfüllt, die Struktur des Arbeitslebens uns einengt und kaum mehr Zeit fürs Privatleben bleibt und unser Selbstwertgefühl unter dem Job eher leidet? Fakt ist: Statt im Job aufzugehen, gehen viele von uns ein. Woran das liegt, zeigt uns ein Blick auf die Fach- und

Führungsetagen unserer Arbeitswelt sowie die aktuellen Herausforderungen, die ich bereits beschrieben habe. Aber nicht die Herausforderungen an sich sind es, die zur wachsenden Unzufriedenheit führen, sondern der Umgang mit ihnen: zu wenig kreativ und im alten Denken verhaftet. Obwohl viele gute Lösungen und Ideen bereits auf dem Tisch liegen und auf ihren Einsatz warten. Ihre Umsetzung erfolgt allerdings zu langsam, zu zögerlich, zu mutlos.

Viele haben zu Recht keine Lust mehr auf einen Bullshit-Job in patriarchischen Strukturen.[42] Zu drängend sind die Probleme, um die Zeit in einem sinnlosen Job einfach nur abzusitzen. Doch genau dieses Gefühl haben viele: ihre Zeit mit einer Arbeit zu verschwenden, die im Grunde niemand braucht und die im schlimmsten Fall die Welt sogar schlechter macht. Auch die klassische Karriere wird zusehends uninteressanter. Karrieremachen ist mit Aufstieg verbunden, dem Hochklettern der Karriereleiter, und das am besten möglichst schnell. Doch wer sagt, dass es immer nach oben gehen muss? Ein Schritt zur Seite, oder auch mal zurück, kann genauso gut sein – wird aber oft nicht honoriert. Auch das Senioritätsprinzip scheint aus der Zeit gefallen. Man möchte nicht warten, »bis man an der Reihe ist«, wenn man schon jetzt etwas zu sagen hat und einen wichtigen Beitrag leisten könnte. »Patriarchalische und hierarchische Befehlsstrukturen sind nicht mehr das Leitbild. Sowohl innerhalb der Betriebe als auch in der Gesellschaft verlangen die Menschen mehr Spielräume in Bezug auf die Gestaltung ihres Lebens und auch in Bezug auf die Arbeit«, führt der Informatiker Stefan Kühner aus.[43] Mit New Work versucht man genau diesen Bedarf zu decken und die Arbeitswelt wieder attraktiver zu gestalten, indem man neue Arbeitsstrukturen schafft und die Sinnfrage in den Mittelpunkt stellt.

Die Grundidee ist gut, aber in der Praxis greift New Work oft zu kurz. Denn es setzt oftmals bloß an der Oberfläche an. Die Lederschuhe werden gegen weiße Sneakers getauscht, Herr Müller ist jetzt offiziell der Heribert und auf dem Flur steht ein Kicker. Das Denken ist aber noch das gleiche. »New Work needs inner work«, sagen deshalb Bettina Rollow und Joana Breidenbach und erklären in dem gleichnamigen Buch, worauf es bei New Work wirklich ankommt. Nämlich auf die innere Haltung aller Beteiligten. Bemühungen von oben, die Unternehmenskultur moderner zu gestalten, verlieren ihre Wirkung, falls sie lediglich aufgesetzt sind oder nur aus Imagegründen angegangen werden. So wie bei allen anderen Changeprozessen auch, rächt es sich außerdem schnell, wenn die Belegschaft nicht miteinbezogen wird. Oft ist es doch so: Die Mitarbeiter*innen verstehen den Sinn der angeordneten Veränderung nicht, die Chef*innen nicht deren eigentliches Problem. Häufig hapert es schlichtweg an der Basis: Prozesse werden nicht zu Ende gedacht, Systeme laufen nicht so, wie sie sollen, und Bürokratie erschwert schon die einfachsten Arbeitsschritte.

New Work setzt zudem ein echtes Interesse an den Mitarbeiter*innen voraus. Nur dann können die Maßnahmen sinnvoll eingesetzt werden und somit wirkungsvoll sein. Das Ziel von New Work ist es eigentlich, dass die Mitarbeiter*innen stärker in die Selbstverantwortung gehen und sich mit den Aufgaben befassen, bei denen sie ihre Leidenschaft einbringen können und in denen sie einen Sinn sehen. Dieser kann von Mitarbeiter*in zu Mitarbeiter*in anders aussehen, genauso wie die individuellen Bedürfnisse im Hinblick auf die Rahmenbedingungen der Arbeit verschieden sind. Doch in der Praxis wird der Belegschaft oft ein Konzept für alle übergestülpt, das eben nur für einige wenige passend ist. Außerdem muss selbstbestimmtes Arbeiten auch erst einmal wieder erlernt werden, wenn man lange gewohnt war, auf Anweisung zu arbeiten. Nicht jede*r Mitarbeiter*in (und auch Vorgesetzte*r) kann damit umgehen.

Die Unzufriedenheit der Mitarbeiter*innen ist demnach nicht ganz unbegründet, hat aber auch etwas Gutes. Hätten sich unsere Vorfahren mit ihrem Leben immer zufriedengegeben, hätten wir es heute nicht so gut. Denn Mangel ist ein Motor für Veränderung. Deine Unzufriedenheit kann also eine gute Triebkraft sein, um langfristig zu mehr Lebensqualität zu kommen und dich auf die Suche nach einem für dich sinnvollen Job zu begeben. Warum dieser überhaupt so wichtig ist, erfährst du im nächsten Kapitel.

Die Bedeutung von Sinn für einen Job

Warum ist es uns überhaupt so wichtig, etwas zu tun, was einem sinnvoll erscheint? Warum geben wir uns nicht einfach mit dem zufrieden, was wir tun und haben? Warum sind wir nicht froh, einen Job zu haben, der uns das Leben finanziert, und gut ist?

Aus zwei Gründen: Erstens, weil wir es uns als Gesellschaft angesichts der vielen Herausforderungen schlichtweg nicht mehr leisten können, einem Bullshit-Job nachzukommen, in dem wir unsere Zeit und Talente verschwenden. Und zweitens, weil wir nur mit einem Job, der einen und uns mit Sinn erfüllt, langfristig wirklich glücklich werden können. Schließlich ist wahres Glück, so die Meinung des österreichischen Neurologen und Psychiaters Viktor Frankl, allein mit Sinnerleben möglich.

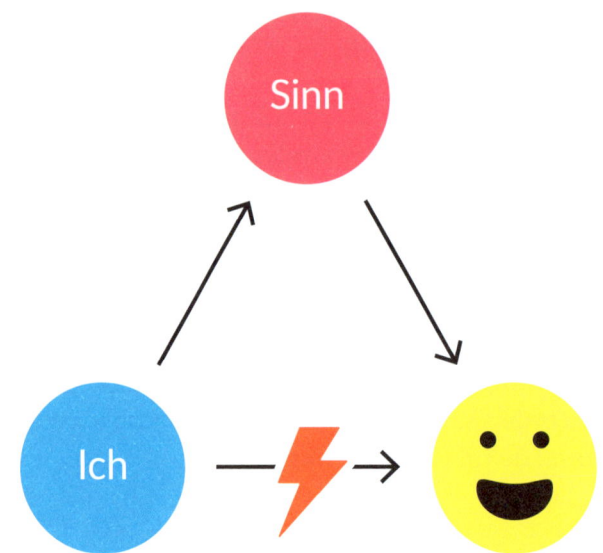

Abbildung 3: Zum Glücklichsein braucht es Sinnerleben

Manchmal reicht es aus, wenn wir einfach bloß unseren Spaß haben und etwas tun, was uns kurzfristig Freude bereitet. Diese kleinen Glücksmomente brauchen wir tatsächlich auch, denn sie geben uns Energie und Motivation. Haben wir sie nicht, fehlt uns etwas und umso länger dieser Zustand andauert, umso höher ist die Wahrscheinlichkeit, an einer Depression zu erkranken. Doch Spaß allein reicht nicht, um wahres Glück zu empfinden. Spaß ohne Sinnerleben führt über

einen längeren Zeitraum hinweg zu einer inneren Leere. Umgekehrt ist Sinnerleben ohne Spaß hingegen
lediglich anstrengend. Fehlt beides, also sowohl der
Spaß als auch das Sinnerleben, haben wir das Gefühl,
vor uns hinzudümpeln und unsere Zeit zu vergeuden.
Um glücklich zu sein, brauchen wir also eine sinnvolle Aufgabe, bei der der Spaß gleichzeitig nicht zu kurz
kommt.

Im Prinzip ist es ganz einfach: Wenn man die eigene
Arbeit nicht als sinnvoll empfindet, hat man auf Dauer
ein Problem. Denn eine Arbeit, die weder Sinn stiftet
noch ergibt, frustriert. Außerdem hadern wir dann mit
unseren verpassten Chancen. Was hätten wir doch alles
tun können, statt unsere Zeit in einem Bullshit-Job zu
vergeuden?! Im schlimmsten Fall können aus diesem
Frust ernste psychische Probleme entstehen. Die kontinuierlich steigende Zahl der Burn-out-Erkrankten ist
nicht nur schicksalhaft für alle Betroffenen, sondern
letztendlich auch schädlich für den Unternehmens-
erfolg und unsere Wirtschaft. Auch das können wir uns
als Gesellschaft zukünftig nicht mehr leisten.

Der individuelle Zweck unserer Arbeit hat sich verschoben, das haben wir schon gesehen, aber noch etwas
hat sich verändert: die Dreiteilung unseres Lebens, die
eine Erwerbsbiografie in Deutschland oft ausgemacht
hat. In der ersten Phase widmeten wir uns unserer
beruflichen Ausbildung. Sobald diese abgeschlossen
war, stiegen wir richtig ins Berufsleben ein. Sobald
man beruflich etabliert war, ging es ans Heiraten, den
Eigenheimkauf und das Kinderkriegen. Mit der Rente
begann die Erholungsphase. Auf diese haben Generationen allein schon deshalb hingefiebert, weil sie körperlich irgendwann schlichtweg nicht mehr konnten. Man

hatte sein ganzes Leben lang geackert und geschuftet und träumte davon, nun endlich auch mal die Füße hochlegen zu können. Zahlreiche Lebensträume wurden auf die Zeit der eigenen Rente verschoben. Heute laufen alle diese Phasen nahezu parallel ab. Schon in der Jugend beginnen wir zu jobben und auch später hören wir damit nicht automatisch auf, nur weil wir ein bestimmtes Alter erreicht haben. Arbeit steht damit heute für viele im Mittelpunkt und gehört zu den wichtigsten Lebensbereichen. Da liegt es auf der Hand, dass wir diese Lebenszeit auch gut nutzen möchten. Sprich: Wir möchten einem Job nachgehen, der uns sinnvoll erscheint und uns erfüllt! Die Frage nach dem Sinn ist also auch ein Luxusproblem der heutigen Zeit und der westlichen Welt. Sie fruchtet insbesondere da, wo die Rahmenbedingungen schon stimmen. Wer nicht weiß, wovon die Miete bestritten werden soll, dem braucht man mit der Sinnfrage nicht zu kommen. Doch wann erleben wir nun einen Job als sinnvoll und wann genau sind wir eigentlich erfüllt? Lasst uns der Sache auf den Grund gehen:

In den 1970er Jahren beeinflusste erstmalig das Job Characteristics Model von Richard Hackman und Greg Oldham die Arbeitswelt. Das Modell definiert fünf Kerneigenschaften, die die Arbeitszufriedenheit von Mitarbeiter*innen steigern und eine erlebte Sinnhaftigkeit wahrscheinlich machen können: Anforderungsvielfalt, Ganzheitlichkeit, Bedeutsamkeit, Autonomie und Feedback.[44] Das erklärt, warum bei der zunehmenden Spezialisierung in allen beruflichen Sparten Ganzheitlichkeit und das Sinnerleben der eigenen Tätigkeit mehr und mehr verloren gehen. Wir kennen nurmehr einen kleinen Ausschnitt vom Ganzen, eben jenen, an dem wir beteiligt sind. Die vor- und nachgelagerten Prozesse streifen wir lediglich am Rande und mit anderen Abteilungen haben wir immer weniger Berührungspunkte, was zum klassischen Silodenken führt und dazu, dass wir uns mit dem finalen Produkt oder der Dienstleistung selbst weniger identifizieren können. Spezialisierung ist natürlich nicht per se schlecht. In einer komplexen Welt wie der unsrigen ist es zum Teil anders gar nicht möglich, handlungsfähig zu bleiben. Man kann nicht auf jedem Gebiet Expertenwissen erlangen und es ist gut, wenn sich viele Köpfe die Arbeit teilen. Dennoch gilt es, die Prozesse drumherum zu verstehen und zu begreifen, wie und wo die eigene Arbeit im Gesamtprozess eingebettet ist. Und nicht nur dieser Gesamtprozess, sondern auch die eigene Tätigkeit in ihm muss Sinn ergeben und dazu beitragen, dass unsere Welt besser wird und nicht schlechter.

Genau hier liegt aber oft das Problem: Wir befeuern ein System, das auf ständiges Wachstum ausgerichtet ist – mit Ressourcen, die jedoch endlich sind. Dass das nicht als sinnvoll empfunden werden kann, leuchtet wohl allen ein. Die Kluft zwischen dem Jetzt und der Veränderung, die es eigentlich braucht, ist groß und frustriert. Vor allem, falls wir selbst in einem Job sitzen, den es eigentlich gar nicht bräuchte, weil er bloß Bullshit-Tätigkeiten umfasst und es Wichtigeres zu tun gäbe. Deshalb wächst das Bedürfnis, etwas Sinnvolles zu tun und einen Unterschied zu machen.

Die Sinnforscherin Tatjana Schnell sagt, dass unsere Tätigkeit einem übergeordneten Ziel dienen muss, damit wir sie als sinnvoll erfahren.[45] Darüber hinaus gibt es aus ihrer Sicht noch vier weitere Merkmale, die dazu beitragen, den Sinn in unserer Arbeit anzuerkennen: Bedeutung, Kohärenz, Orientierung und Zugehörigkeit. Was wir tun, muss also eine Bedeutung und einen positiven Einfluss haben. Es muss weiterhin zu uns und unserem Lebensstil passen. Wir müssen außerdem wissen, welches Ziel ich oder mein Arbeitgeber mit der Tätigkeit verfolgt, und ich muss mich gleichzeitig zugehörig und wertgeschätzt fühlen. Wenn all diese Merkmale erfüllt sind, ist die Wahrscheinlichkeit hoch, dass dein Job dich erfüllt und du ihn als sinnstiftend erlebst. Ein Blick auf die Kriterien macht schnell offensichtlich, woran es heute häufig scheitert. Neben der fehlenden Bedeutung haben wir oft das Gefühl, dass der Job beziehungsweise die Rahmenbedingungen eben nicht zu unserem Leben passen, dass wir durch unseren Job zu unflexibel sind und durch ihn keine Zeit und Energie mehr für private Anliegen bleibt. Die Wertschätzung fehlt uns außerdem genauso wie das Ziel, das in vielen Fällen von der Unternehmensleitung nicht offen und transparent genug kommuniziert wird oder mit dem wir uns nicht identifizieren können.

Auch die Forschung der Positiven Psychologie misst dem Sinnerleben eine wichtige Bedeutung bei. In der Theorie des Wohlbefindens des US-amerikanischen Psychologen Martin Seligman gehört Sinn zu den fünf für unser Wohlbefinden zentralen Elementen, die unter dem Akronym PERMA zusammengefasst werden: *p*ositive Emotion (positives Gefühl), *E*ngagement, *R*elationships (positive Beziehungen), *M*eaning (Sinn) und *A*chievement (Zielerreichung).[46] Um uns wohlzufühlen, müssen wir also dafür sorgen, dass wir positive Emotionen erleben, uns aktiv einbringen und unsere Stärken bei einer sinnvollen Tätigkeit einsetzen. Dazu sollten wir unserem Leben durch soziale Beziehungen mehr

Kraft und Freude geben und uns selbst Ziele setzen, an deren Erreichung wir arbeiten können. Seligmans Ansatz zeigt aber eben auch, dass Sinn nur eine Seite der Medaille ist. Auch die anderen Elemente sind zentral, wenn es um das Wohlfühlen geht. Das offenbart auch ein Blick in die Gesundheitsbranche. Berufe im medizinischen Bereich sind unumstritten sinnvoll, aber es reicht eben nicht, auf die Sinnhaftigkeit einer Tätigkeit hinzuweisen, solange die Arbeitsbedingungen so gar nicht stimmen. Das dortige Sinnerleben ist trotz prekärer Arbeitsbedingungen sicherlich ein Grund, warum so viele Pflegekräfte überhaupt so lange durchhalten, denn die Gefahr der Selbstausbeutung ist die Schattenseite einer hoch sinnerfüllten Tätigkeit. Selbst ein per se sinnstiftender Job kann also als sinnlos empfunden werden, falls das Drumherum nicht stimmt. Bei den überall gestiegenen Anforderungen bei gleichzeitiger personeller Unterbesetzung ist es ein tagtäglicher Kampf, bei dem viel auf der Strecke bleibt: das gute Gefühl am Ende des Tages, etwas geschafft zu haben, den Aufgaben und den eigenen Anforderungen gerecht geworden zu sein, gut für die Patient*innen gesorgt zu haben und auch mal Zeit gehabt zu haben, mit den Arbeitskolleg*innen ein paar Minuten unbefangen zu quatschen und zu scherzen. Und damit fällt letztlich genau das hinten rüber, weshalb man den Beruf ursprünglich gewählt hat. Das kennen wir übrigens auch von den Bürojobs, in denen man stundenlang in irgendwelchen Meetings hockt und sich fragt, was man da eigentlich soll, und nervös an die Aufgaben denkt, die unerledigt am Arbeitsplatz auf uns warten. Unsere Arbeitswelt leidet an einer Abstimmeritis, die Produktivitätsverluste in Kauf nimmt zulasten der Arbeitszufriedenheit.

Vor Kurzem kam eine Polizeibeamtin zu mir ins Coaching. Als ich sie nach ihrem Anliegen fragte, sagte sie:»Mir fehlt einfach der Sinn in meiner Arbeit.« Überrascht sah ich sie an, würden doch wohl die meisten unter uns den Polizeiberuf als durchaus sinnvoll erachten. Als sie meinen fragenden Blick bemerkte, fügte sie hinzu:»Ja, natürlich ist der Beruf als solcher sinnvoll, aber im Moment bin ich nur auf kleineren Demonstrationen eingesetzt und für die Straßenabsperrungen verantwortlich. Das ist natürlich auch irgendwie wichtig, geht mir aber nicht weit genug.« Ich musste an meinen eigenen Job bei dem mittelständischen Marktführer denken. Auch dort ergab das Produkt für nahezu alle Menschen auf dieser Welt einen Sinn und dennoch fehlte mir damals der Sinn in meiner eigenen Tätigkeit. Sinnerleben ist also subjektiv und stark auf den eigenen Wirkungskreis bezogen. Es reicht nicht, Teil eines großen Ganzen zu sein. Wir möchten zu diesem auch einen relevanten Beitrag leisten und eigene Ideen umsetzen. Wir mögen das Gefühl, zu wachsen und uns weiterzuentwickeln. Genau da hapert es in einigen Unternehmen jedoch, wo die Prozesse eingefahren sind und Hierarchie großgeschrieben wird.

Ein sinnvoller und sinnstiftender Job ist also ein Mehrklang verschiedener Faktoren. Letztendlich bedeutet Sinn aber eben auch, etwas Gutes zu tun, etwas, von dem die Welt einen Mehrwert hat. Ein gutes Gehalt und sonstige Annehmlichkeiten machen einen Job für uns nicht unbedingt sofort sinnvoll. Die Vergütung ist deshalb nicht unwichtig geworden, man muss von ihr schließlich leben können und sie bedeutet auch Wertschätzung. Sie kann eine sinnlose Tätigkeit, einen Bullshit-Job, allerdings nicht aufwiegen.

Ein wichtiger Indikator dafür, ob ein Job gesellschaftlich wichtig und sinnvoll ist oder nicht, ist der, wie lange es dauern würde, bis die Bevölkerung merkt, dass diese Berufsgruppe streikt. Dazu zwei Beispiele aus dem Buch »Utopien für Realisten« von Rutger Bregman. Im Februar 1968 legten 7.000 Angestellte der New Yorker Stadtreinigung ihren Job nieder und begannen für bessere Arbeitsbedingungen zu streiken. Schon an Tag zwei waren die Straßen bis zu den Knien mit Abfall bedeckt und in der Stadt stank es erbärmlich. Nach nur neun Tagen gab die Stadtverwaltung klein bei und der Streik wurde beendet. Als in Irland im Mai 1970 Bankangestellte in den Streik gingen, wurde befürchtet, dass es im Land zum wirtschaftlichen Stillstand käme und die Wirtschaft zum Erliegen. Aber es kam anders. Schon nach ein paar Tagen bemerkte im Grunde niemand mehr den Streik. Die Menschen gaben einfach weiter ihr Bargeld aus, stellten Schecks aus (die natürlich erst später eingelöst werden konnten) und organisierten sich in Windeseile komplett neu, sodass das Streiken der Banker nicht ins Gewicht fiel. Ich kürze die Geschichte jetzt etwas ab und verrate, dass der Streik am Ende ganze sechs Monate gedauert hat.[47]

Wir möchten und sollten etwas tun, was anderen nützt, und nicht sprichwörtlich für die Tonne arbeiten. Eine sinnvolle Tätigkeit dreht sich neben der Person, die sie ausführt, vor allem auch um die Menschen, die von ihr profitieren. Egoismus ist in dieser Frage also fehl am Platz, es ist out, ausschließlich an sich und die eigenen Bedürfnisse zu denken. Wir möchten eine gerechtere Welt – für alle! Etwas Sinnvolles zu leisten bedeutet nichts Geringeres, als die Welt besser zu machen, als sie heute ist, und das in möglichst großen Schritten. Ziel dabei ist es, nicht länger auf Kosten anderer zu leben, nachhaltiger mit Ressourcen umzugehen und den Klimawandel aufzuhalten, aber auch andere drängende Fragen zu lösen. Der Sinn sollte sich also nicht nur aus dem Wohlergehen der*des Einzelnen ergeben, sondern aus dem Wohlergehen aller Lebewesen.

ⓘ Dein Job ist sinnvoll und sinnstiftend, wenn …
- … du den Nutzen deiner Arbeit kennst und sie Mehrwert bietet.
- … deine Tätigkeit möglichst ganzheitlich ist.
- … du dich zugehörig fühlst.
- … du dein Potenzial in ihm entfalten kannst.
- … du authentisch bist und dich nicht verstellen musst.
- … du dich mit dem Unternehmensziel identifizieren kannst.
- … du Feedback und Wertschätzung erhältst.
- … du möglichst frei arbeiten darfst.

Fazit: Wir brauchen dringend einen Wandel!

Noch einen Wandel? Ja, und zwar einen, der wirklich notwendig ist: den mentalen Wandel, der es uns ermöglicht, die Probleme unserer Arbeitswelt an den Wurzeln zu packen. Schließlich hat niemand etwas von einer Arbeitswelt, die nicht glücklich macht und den Menschen kein Sinnerleben stiftet, weder die Welt als solche noch die Unternehmen und die einzelnen Mitarbeiter*innen schon gar nicht.

So wie jetzt kann es nicht weitergehen. Umweltprobleme gefährden unseren Lebensraum und damit auch die Lebensqualität von uns allen. Die soziale Ungerechtigkeit nimmt weiter zu und wird durch Profitgier befeuert, mit gravierenden Folgen für unsere Arbeitszufriedenheit. Trotz New-Work-Bemühungen ist die Unzufriedenheit unter Berufstätigen so groß wie nie zuvor – genauso wie die Anzahl an Diagnosen von psychischen Krankheiten wie Burn-out und Depressionen. Die Kosten der Unzufriedenheit sind für uns alle hoch: für den Einzelnen durch eine geringere Lebensqualität, aber natürlich auch für Wirtschaft und Gesellschaft. Mitarbeiter*innen, die innerlich gekündigt haben, arbeiten nicht produktiv und sind häufiger krank. Dass die Probleme da sind, haben wir längst erkannt und viele gute Lösungsansätze werden bereits diskutiert. Nur bei der Umsetzung treten wir auf der Stelle.

Denn wenn man sich die Veränderungen dieser Welt mit ihren Megatrends ansieht, gibt es Bereiche, in denen sich erstaunlich wenig geändert hat, unser Schulsystem vorneweg. Vergleicht man ein Bild von einem Klassenzimmer Anfang des 20. Jahrhunderts mit einem heutigen, sieht man kaum eine Veränderung. Aber so paradox es scheint: Auch unsere Arbeitswelt hat sich gerade in den letzten Jahren nicht fundamental gewandelt. Innere Haltung und Rahmenbedingungen sind im Wesentlichen dieselben geblieben, obwohl sich der Arbeitsinhalt teilweise radikal geändert hat. Dieses Missverhältnis muss angegangen werden, um eine gesunde und zufriedenstellende Arbeitskultur zu schaffen. Hierarchiegehabe, Patriarchalismus und Ungleichbehandlung waren zwar schon immer fehl am Platz, im 21. Jahrhundert sind sie aber auch nicht mehr zu verargumentieren und zu tolerieren schon mal gar nicht. Das ist nicht mehr zeitgemäß und das spüren wir. Obgleich wir uns peu à peu weiterentwickeln, wir könnten schneller sein, wenn wir alle an einem Strang ziehen und in eine gemeinsame Richtung blicken würden. Stattdessen hat uns die Pandemie wieder zurückgeworfen. Die gesellschaftliche Spaltung wurde in dieser Phase größer und Geschlechterstereotype, die man schon überwunden glaubte, traten wieder deutlich hervor. So waren es überwiegend Frauen, die sich gezwungen sahen, weniger zu arbeiten, um Kinderbetreuung und Homeschooling zu Hause sicherzustellen. Karriere in einer solchen Situation? Unmöglich. Bis heute sind wir von einer Gleichbehandlung der Geschlechter in der Arbeitswelt weit entfernt. Das drückt sich in dem geschlechtsspezifischen Lohngefälle, dem Gender-Pay-Gap, aus, genauso wie in der deutlich geringeren Anzahl von Frauen in Führungspositionen. Denn die Gläserne Decke gibt es leider noch immer in vielen Unternehmen. Nach wie vor gelingt es zu wenig Frauen, Menschen mit Migrationshintergrund oder mit Behinderung, um nur einige Beispiele aus benachteiligten Bevölkerungsgruppen zu nennen, zu den alten weißen Männern in die Führungsetagen des Landes aufzusteigen. Der Gehaltsunterschied zwischen Frauen und Männern ist nach wie vor enorm und betrug im Jahr 2020 durchschnittlich 18 %.[48] Es gibt also trotz aller Fortschritte noch viel zu tun.

Vielleicht mag es daran liegen, dass unsere Aufmerksamkeit mehr und mehr von tagesaktuellen Krisen in Beschlag genommen wird und wir deshalb den Blick für das langfristige, große Ganze aus den Augen verlieren, wir also gewissermaßen immer bloß Brände löschen, aber keinen Brandschutz betreiben. Das haben uns auch die vergangenen Jahre gezeigt. Die Pandemie war in vielerlei Hinsicht ein Brandbeschleuniger, sie hat uns gnadenlos zahlreiche Schwächen unseres Systems aufgezeigt. Durch sie wurden wir gezwungen, zu handeln, und zwar schnell. Dadurch haben wir nicht nur gesehen, was alles schlecht läuft, sondern trotz aller Widrigkeiten auch, was möglich ist, wenn wir wollen beziehungsweise müssen. Plötzlich konnten wir doch im Homeoffice arbeiten, was bis dahin von vielen Führungskräften torpediert worden war, obwohl die Mehrzahl der Mitarbeiter*innen sich dies schon längst gewünscht hatte. Geschäfte schufen in Windeseile Onlineshops, was sie bis dahin vernachlässigt hatten, und Gastronomen ließen sich eine Menge einfallen, um ihren Gästen ein leckeres Mahl zum Mitnehmen oder zum Liefern bieten zu können. Diese Lösungsorientierung, Kreativität und das schnelle Anpacken suchte man bis dahin im Alltag oft vergeblich, hier war eher Problem- statt Lösungsfokussierung angesagt. Wir halten generell sehr lange an Altem fest, denn das hat sich in der Vergangenheit schließlich bewährt, oder nicht? Nicht unbedingt, mitunter ist es einfach die Angst vor Neuem, die verhindert, mal einen anderen unbekannten Weg zu gehen. Man sagt, das habe man schon immer so gemacht, und zählt fadenscheinige Gründe auf, warum es anders eben nicht gehe. Dass schnelle Veränderungen möglich sind, haben wir in den letzten Jahren gesehen. Jetzt gilt es dranzubleiben.

Wie wir in diesem Kapitel gesehen haben, sind wir mit verschiedenen Problemen und Herausforderungen konfrontiert, die unser Leben beeinflussen und mit katastrophalen Folgen unsere Lebensqualität gefährden. Die Katastrophen sind schon längst nicht mehr übersehbar: die Abholzung des Amazonas-Regenwaldes, die die grüne Lunge unseres Planeten zerstört; die unwürdige Massentierhaltung, bei der auf das Tierwohl zugunsten von Profit wissentlich verzichtet wird; das Artensterben, bei dem tagtäglich Tierarten aufgrund der Wilderei, Überfischung und des Klimawandels aussterben; die Ausbeutung von Menschen in Produktionsstätten der Textilindustrie, aber natürlich auch in anderen Branchen, in denen unter menschenunwürdigen Bedingungen gearbeitet wird; die Kinder, die unter großen Sicherheitsmängeln in Minen Kobalt gewinnen und dabei ihr Leben riskieren; die vielen Tonnen Plastikmüll, die Jahr für Jahr in unseren Meeren landen und dort Lebensräume für Tiere zerstören und über die Nahrungskette in unsere Körper gelangen; die Millionen von Menschen, die aufgrund von Armut, Kriegen und Naturkatastrophen hungern – in einer Welt, in der es grundsätzlich genügend Essen für alle gäbe und eine sehr große Menge an Nahrungsmitteln verschwendet und weggeworfen wird. Die Liste ist noch lange nicht vollständig, doch macht sie das Ausmaß der Katastrophen mehr als deutlich.

Unsere wichtigste Aufgabe als Gesellschaft muss es deshalb sein, die vorherrschenden Krisen im Kern statt nur an der Oberfläche zu lösen. Wie bei Krankheiten ist es nicht zielführend, lediglich die Symptome zu bekämpfen und die Ursache außen vor zu lassen. Wir müssen uns auf Ursachenforschung begeben und dort ansetzen, wo die Probleme entstehen, und Lösungen finden, wie es besser gelingen kann. Das geht allerdings nur, wenn wir als Gesellschaft zusammenhalten und uns nicht länger davor drücken, die drängendsten Fragen unserer Zeit zu beantworten. Dafür müssen wir unsere innere Haltung verbessern und unser Denken der heutigen Zeit anpassen. Mit dem alten Mindset kommen wir zukünftig nicht mehr weiter, wir brauchen ein fundamentales Update.

Für ein solches Update braucht es Antworten auf die wirklich wichtigen Fragen, denen wir als Gesellschaft in den letzten Jahren mehr oder weniger erfolgreich ausgewichen sind: In welcher Welt möchten wir leben? Wie möchten wir den ganzen Herausforderungen begegnen? Welche Art von Leben möchten wir in Zukunft führen? Wie möchten wir den Switch zu einer nachhaltigen, ressourcenschonenden Wirtschaft bewältigen? Wie können wir den Wohlstand gerechter verteilen? Wie schaffen wir ein Sozialversicherungssystem, das sich auch in der Zukunft tragen kann? Wie weit möchten wir die technologischen Entwicklungen, allen voran die künstliche Intelligenz, vorantreiben? Wie schaffen wir es, den Zugang zu Bildung fairer zu verteilen? Wie bekommen wir den Fachkräftemangel in den Griff? Wie stellen wir die medizinische Versorgung der wachsenden Weltbevölkerung sicher und ihre Ernährung, ohne dabei Tiere qualvoll auszubeuten? Wie gewährleisten wir unsere Sicherheit? Auf welche Werte möchten wir als Gesellschaft unser Handeln ausrichten? Sprich: Wie gestalten wir unsere Welt für alle Lebewesen auf dieser Erde lebenswerter? Es ist Zeit, dass wir diese Fragen gemeinsam aufgreifen und diskutieren. Und vor allem: Lösungen finden! Denn eines steht fest: Eine bessere Zukunft ist möglich. Wir müssen sie uns nur vorstellen können.

Wie eine solche Zukunft der Arbeitswelt aussehen kann, beschreibt das nächste Kapitel.

ⓘ Die heutige Arbeitswelt ...

- ... ist geprägt von einer »Höher, weiter, schneller«-Mentalität.
- ... hält noch immer an Hierarchien und Statussymbolen fest.
- ... stellt längst überholte Denkmuster in den Mittelpunkt.
- ... befeuert die Ungleichheit zwischen den Geschlechtern und verschiedenen Gesellschaftsgruppen.
- ... konzentriert sich auf Zahlen, Daten und Fakten zulasten der Menschlichkeit.
- ... lässt Kommunikation auf Augenhöhe, unmittelbares Feedback und Wertschätzung vermissen.
- ... baut auf einem ausbeutenden Wirtschaftssystem auf, das endliche Ressourcen verschwendet und den Klimawandel beschleunigt.
- ... hat ein ungerechtes Vergütungssystem. Zu viele Menschen gehen einer Arbeit nach, deren Lohn beziehungsweise Gehalt nicht ausreicht, um ihre Existenz zu sichern.
- ... fußt auf der fälschlichen Annahme, dass jemand zu Hause ist, der uns den Rücken freihält und neben dem Haushalt die Kindererziehung und Pflege der Eltern übernimmt.
- ... setzt bis heute auf Kontrollmechanismen wie eine Anwesenheitspflicht statt auf Vertrauen in die Mitarbeiter*innen.

KAPITEL DREI

DIE ARBEITSWELT 2030

Der Wille, den Weg zu einer nachhaltigeren Welt einzuschlagen, ist endlich deutlich spürbar. Während ich diese Zeilen schreibe, liegt die Bundestagswahl 2021 sechs Monate zurück. Der Koalitionsvertrag der Ampel-Regierung aus SPD, Grünen und FDP forciert den Kohleausstieg bis 2030. Das ist ein wichtiges Anliegen gerade von der jungen Generation, aber inzwischen auch von vielen Fachleuten aus Wissenschaft und Wirtschaft. Ob die Energiewende aufgrund des Ukraine-Krieges wirklich so ambitioniert umgesetzt werden kann, ist derzeit noch fraglich. Dennoch ist das Thema endlich auf der Agenda. Es tut sich also was, und das nicht nur in der Politik.

Auch zahlreiche Unternehmen möchten die Welt gestalten und besser machen und streben eine Veränderung bis zum Jahr 2030 an. Sie stellen ihre eigenen Produkte auf den Prüfstand und reformieren sich – wenn notwendig – auch radikal, stellen Produktionsprozesse um oder ergänzen ihre Produktpalette. So z. B. das Unternehmen Rügenwalder Mühle, das mit seinem vegetarischen und veganen Angebot schon jetzt mehr Umsatz macht als mit den traditionellen Fleischprodukten und sich zudem für weniger Fleischverzehr in der Gesellschaft einsetzt.[49] Für einen Lebensmittelproduzenten, dessen Wurzeln in der Fleischerei liegen, ist diese Wende beachtlich. Es gibt viele weitere positive Beispiele, aber auch einige, die eher fragwürdig sind. Der CEO von Philip Morris, Jacek Olczak, träumt beispielsweise von einer Welt ohne Zigaretten und kündigt einen fundamentalen Strategiewechsel an. Bis 2030 sollen Marlboro und Co in Großbritannien nicht mehr verkauft werden.[50] Gleichzeitig ist Philip Morris jedoch mit der Übernahme von Vectura, einem Spezialisten für Lungenkrankheiten, in die Pharmabranche eingestiegen. Kritische Stimmen werfen Philip Morris deshalb Heuchelei vor, das Unternehmen wolle nun auch noch mit den Krankheiten Geld verdienen, für die seine Produkte hauptsächlich mitverantwortlich seien.[51] Hinter der Kursänderung des weltweit größten privatwirtschaftlichen Herstellers von Tabakprodukten steht in ihren Augen also nicht die positive Absicht, den Menschen wirklich helfen zu wollen, sondern vielmehr das nächste lukrative Geschäftsmodell: zunächst Geld mit Produkten verdienen, die die Leute krank machen, um sich anschließend an den Krankheiten eine goldene Nase zu verdienen. Damit bröckelt die Glaubwürdigkeit von Philip Morris und das ohnehin schon negative Image wird weiter verstärkt.

Der Unternehmens- und Politikberater Roland Berger bringt den Gesinnungsumschwung bei vielen Unternehmen wie folgt auf den Punkt: »Die Grundwerte des Geschäftslebens verändern sich. Zunehmend wächst die Einsicht, dass reines Profitstreben allein keine Daseinsberechtigung darstellt. Unternehmen, die in diesem veränderten Umfeld weiterhin bestehen wollen, müssen eine langfristige Vision haben und unter Beweis stellen, dass sie zur positiven Entwicklung der Gesellschaft beitragen.«[52] Und diese Entwicklung betrifft natürlich nicht nur das Thema Nachhaltigkeit, sondern auch attraktive und gesunde Arbeitsbedingungen, ohne die wir im Job keine langfristige Zufriedenheit erreichen können. Aber auch hier wächst bei Betrieben das Bewusstsein. Das österreichische Unternehmen Watchado, eine Karriereplattform für Berufseinsteiger, hat beispielsweise zum 1. Januar 2022 im gesamten Unternehmen auf eine Viertagewoche mit einer Wochenarbeitszeit von 32 Stunden umgestellt – und zwar bei gleichbleibenden Gehältern. Mitarbeiter*innen in Teilzeit können sich aussuchen, ob sie ihre Arbeitszeit entsprechend verringern oder ihr Gehalt nach oben hin anpassen. In einem Statement des Unternehmens auf LinkedIn heißt es, dass Gewinnmaximierung für sie nicht immer an erster Stelle stehen müsse und Arbeit auch mit weniger Stunden funktioniere.[53] Ein mutiger Schritt in die Arbeitswelt der Zukunft.

Diese Fälle zeigen, dass Veränderung möglich ist, schließlich haben wir alle eines gemeinsam: den Wunsch nach einer schönen, besseren Welt, die für uns und die nächsten Generationen lebenswert ist. Um das zu erreichen, genügt es nicht, das Bestehende zu bewahren. Wir müssen Neues wagen, denn neue Probleme brauchen neue Lösungen. Eine bessere Welt braucht bessere Ideen. Wie diese Ideen und Lösungen aussehen können, müssen wir als Gesellschaft gemeinsam definieren, aber bereits jetzt steht fest: Eine Potenzialverschwendung wie bei den Bullshit-Jobs können wir uns nicht mehr leisten, diese Ära gehört dringend beendet.

Warum wir eine Utopie brauchen

Wir Deutschen haben vielfach die schlechte Angewohnheit, häufig allein das Negative zu sehen. Digitalisierung? Durch sie gehen Tausende Jobs verloren! Autonomes Fahren? Das führt doch nur zu Unfällen! Klimawende? Was das kostet! Tempolimit? Um Himmels willen, wir haben ein Recht auf Geschwindigkeit.

Freie Fahrt für freie Bürger lautete schon in den 1970er Jahren zur Zeit der Ölkrise die Forderung des Automobilclubs ADAC.[54] Bei dieser ganzen Bedenkenträgerei übersehen wir das Positive, das hinter diesen zunächst ungemütlich wirkenden Veränderungen steckt.

Nehmen wir z. B. das autonome Fahren, das im Grunde genommen viele Vorteile bietet: Es wird langfristig zu weniger Unfällen kommen, denn laut ADAC liegt bei 90 % aller Unfälle die Ursache im menschlichen Versagen.[55] Ältere Menschen wären außerdem länger mobil und ressourcenschonend ist es auch. Familien können sich häufiger ein Auto teilen und auf den Zweitwagen verzichten, da ein Wagen nicht länger den ganzen Tag ungenutzt vor dem Firmentor stehen muss, nachdem ein Familienmitglied damit zur Arbeit gefahren ist. Während der bisher im Auto verlorenen Pendelzeiten könnten wir diese zukünftig nutzen, um zu arbeiten, E-Mails zu beantworten oder zu telefonieren – oder um zu lesen, zu meditieren oder einfach etwas abzuschalten. Wenn wir abends zum Essen mit Freunden verabredet sind, könnten wir schon mal ein Gläschen Wein trinken und bräuchten uns keine Gedanken machen, wer fährt beziehungsweise wie wir zurückkommen. Es gäbe weniger Staus und sollte es doch mal länger dauern, könnten wir zwischendurch ein Nickerchen machen und völlig ausgeruht am Zielort ankommen. Auch wirtschaftlich betrachtet würde das autonome Fahren die Produktivität erhöhen. Schließlich müsste man beim LKW-Fahren keine Pausenzeiten mehr einhalten und könnte die ganze Strecke einfach durchfahren. Klingt insgesamt gut, oder? Klar, Beine vertreten und Besuche der Sanitäranlagen sollten natürlich trotzdem drin sein.

Was ich aber in der Diskussion rund um das autonome Fahren grundsätzlich höre, ist: »Ach, das ist doch Zukunftsmusik. Wie soll das denn auf unseren Straßen möglich sein? Und wer verantwortet dann die Unfälle? Ich fahre gern Auto und will nicht darauf verzichten! Für mich ist Autofahren Freiheit. Und überhaupt: Wenn das alles mal so einfach wäre. Davon sind wir noch weit entfernt. Das werden wir eh nicht mehr erleben.«

Wo ist das positive Zukunftsbild? Die Vision vom Möglichen? Der Optimismus? Die Freude und Neugier in Anbetracht von etwas Neuem? Um es einfach auszudrücken: Nichts davon ist da. Wie so oft konzentrieren wir uns allein auf die Probleme, Schwierigkeiten und Herausforderungen, sprich: auf die Gründe, warum es *nicht* möglich ist. Ständig malen wir uns aus, was alles passieren kann. Das fängt im Kleinen an. Vor dem Besuch der Zahnarztpraxis stellen wir uns das Geräusch des Bohrers vor und vor der Kundenpräsentation, wie wir uns verhaspeln und uns die Worte fehlen. Natürlich sollte man stets alle Vor- und Nachteile abwägen und sich auch mit den Risiken gründlich beschäftigen, keine Frage. Aber sobald man sich immer bloß auf das konzentriert, was nicht möglich ist, und auf die Gefahren und Ängste, wird es schwierig, einen echten Wandel zu vollziehen. Was ist mit den vielen Chancen und Möglichkeiten, die sich uns durch die Veränderungen bieten? Die werden in meinen Augen viel zu oft vernachlässigt. Im Coaching gibt es einen wichtigen Grundsatz: Wenn wir über Probleme reden, kreieren wir Probleme – wenn wir über Lösungen reden, dann kreieren wir Lösungen. Und genau diese Lösungsorientierung vermisse ich in der aktuellen Debatte um unsere Zukunft. Da geht es vielerseits nur um Schwarzmalerei und, wie der Zukunftsforscher Matthias Horx es ausdrückt, um den Immerschlimmerismus.[56] Eine bessere Zukunft ist für einige schlichtweg nicht vorstellbar, im Gegenteil: In der Wahrnehmung vieler werden die Zustände auf der Welt einfach immer schlimmer.

Dabei ist genau diese Vorstellung von einer besseren Zukunft wichtig. Wir brauchen positive Bilder und Visionen im Kopf, denn sie geben uns Stabilität in einer instabilen Welt.[57] Anstatt vehement alles, was neu ist, schlechtzureden, sollten wir uns trauen, größer zu denken und mutiger zu handeln, getreu dem Motto: »Alle sagten: ›Das geht nicht.‹ Dann kam einer, der wusste das nicht und hat es einfach gemacht.« Die Welt befindet sich unweigerlich zu jeder Zeit im Wandel. Die Frage ist nicht, ob uns dieser Wandel gefällt, sondern wie wir mit ihm umgehen. Es liegt an uns, Veränderungen zu steuern und uns nicht mit den Gegebenheiten abzufinden. Mit Sprüchen wie »Es wird alles immer schlimmer« kommen wir nicht weiter, mit ihnen verharren wir in einer passiven Opferrolle. Davon abgesehen, dass der Ausspruch auch gar nicht stimmt. Wir haben es heute so gut wie keine Generation zuvor. Wir waren noch nie so sicher, haben noch nie so viel verdient und so einfach Zugang zu Bildung gehabt. Allerdings nehmen wir das irgendwie nicht so wahr. Daniel Dettling schreibt in seinem Buch »Eine bessere Zukunft ist möglich« über die Kluft zwischen unserer Wahrnehmung und der Wirklichkeit. Anscheinend bleibt das Schlechte bei uns länger im Gehirn hängen als das Gute. Ein Satz von ihm, der mir besonders im Gedächtnis geblieben ist, lautet: »Das Schöne an der

Zukunft ist, dass wir gemeinsam an ihr noch etwas ändern können.«[58]

Zum Glück gibt es zu jeder Zeit Menschen, die vorausdenken und versuchen, den Wandel aktiv zu gestalten. Leider sind es aktuell bisher noch zu wenige. Um die Welt zu einem besseren Ort zu machen, benötigen wir einen fundamentalen Mindset-Shift in unserer Gesellschaft – und jede*r kann seinen oder ihren Teil dazu beitragen, den es braucht, um eine kritische Masse zu bilden! Menschen, die einfach ihre Zeit in einem Bullshit-Job absitzen, können wir uns in Zukunft schlichtweg nicht mehr leisten. Wir brauchen Menschen, die *für* eine bessere Welt rebellieren, und nicht einfach nur gegen etwas. Dieses Wofür muss klar definieren, wo wir als Gesellschaft gemeinsam eigentlich hinwollen. Die Fragen, die wir uns alle generationsunabhängig stellen sollten, lauten: Wie wollen wir leben? Wie soll unsere Zukunft aussehen? Wie wünschen wir uns unsere Arbeitswelt? Die Antworten auf diese Fragen zu finden, ist unabdingbar. Denn wie sollen wir unsere Zukunft gestalten und die Richtung der Veränderungen vorgeben, wenn wir nicht wissen, wie unsere Welt überhaupt einmal aussehen soll?

Wünschen tun wir uns grundsätzlich wahrscheinlich alle das Gleiche. Doch während die einen vorausdenken, vorangehen und umsetzen, warten die anderen erst einmal ab. Sie sind passiv und harren der Dinge, die da kommen. Ihnen fehlt die Vision, und ohne Vision fehlt ihnen der Treiber, die Veränderung wirklich anzugehen. Ohne Vision haben wir kein Ziel und ohne Ziel haben wir keinen Plan, was wir tun sollen. Ein konkretes Ziel ist die Voraussetzung, um den richtigen Weg einschlagen zu können. Das Ziel, die Vision sollte dabei möglichst attraktiv für uns alle sein. Sie sollte vorwärtsgewandt sein und uns in freudige Erwartung versetzen, die Vision eines Tages wirklich zu erreichen. So sehr, dass sie einem nicht mehr aus dem Kopf geht und ein »Haben wollen«-Gefühl ausgelöst wird. Schon Walt Disney soll gesagt haben: »If you can dream it, you can do it!« Wir müssen uns eine bessere Zukunft also zunächst vor unserem inneren Auge vorstellen können, bevor wir bereit sind, entschlossen zu handeln. Doch daran hapert es immer wieder. Wenn wir in die Zukunft blicken, dann bleibt in unserer Vorstellung häufig entweder alles, wie es ist, oder wir entwerfen Untergangsszenarien. Beides ist nicht gerade förderlich, um eine bessere Welt zu gestalten. In der Vergangenheit wurden schon viele Kämpfe erfolgreich geführt: Wir genießen deren Errungenschaften wie z. B. einen festen Urlaubsanspruch oder eine gesetzliche Höchstarbeitszeit. Das, was wir früher als Erfolg verbuchen konnten, müssen wir heute kritisch prüfen: Sind diese Regelungen heute noch zeitgemäß? Sind sie weiterhin das Beste für uns? Und sollten wir eine Diskrepanz feststellen, müssen wir den Kampf weiterführen und für unsere Bedürfnisse und eine bessere Welt einstehen. Wir müssen also Bestehendes hinterfragen, aber auch neue Ideen entwickeln. Denn ohne Ideen gibt es keinen Fortschritt.

Dazu müssen wir aber wissen, wo wir hinwollen und wofür es sich zu kämpfen lohnt. Eine Utopie ist dazu hilfreich, weil sie uns eine Vorstellung davon gibt, wie es sein könnte in einer besseren Zukunft. Sie bündelt unsere Wünsche und Träume und gibt einen Ausblick, wie eine bessere Welt sein kann. Und daraus lassen sich konkrete Ideen für die Gegenwart ableiten, damit sie nicht ein reines Hirngespinst bleibt. Statt mit Skepsis oder Angst sollten wir mit purer Freude, einer kindlichen Neugier und einer großen Portion Mut in die Zukunft blicken. Es heißt nicht umsonst: Man muss das Unmögliche denken, damit das Mögliche möglich gemacht werden kann.

Viele großartige Zukunftsentwürfe für die kommenden dreißig Jahre existieren bereits und warten darauf, verwirklicht zu werden. Für viele von uns ist das Jahr 2050 allerdings sehr weit weg, zu weit, um heute ins Handeln zu kommen. Eine Utopie für die nächsten acht Jahre ist da schon greifbarer, weshalb ich mich im nachfolgenden Kapitel auf diesen Zeithorizont und das Jahr 2030 als Zielpunkt beschränke. Meine Utopie hat dabei weder den Anspruch auf Vollständigkeit noch konkrete Lösungsansätze zu liefern. Sie soll inspirieren und den Raum für Lösungen öffnen.

***

❶ Ich lade dich an dieser Stelle ein, kurz innezuhalten und zurückzublicken. Welcher Mensch warst du vor acht Jahren? Wo hast du gelebt? Welcher Arbeit bist du nachgegangen? Wie zufrieden warst du mit deinem Leben – sowohl beruflich als auch privat? Welche Ansichten hast du vertreten und nach welchen Werten hast du gelebt? Nimm dir Zeit, in dein Ich vor acht Jahren einzutauchen.

Du bist so weit? Dann spule nun acht Jahre vor. Wer bist du heute? Wo lebst du? Welcher Arbeit gehst du nach? Wie zufrieden bist du mit deinem Leben –

sowohl beruflich als auch privat? Welche Ansichten vertrittst du und nach welchen Werten lebst du? Was ist in den letzten acht Jahren alles geschehen, sodass du heute dort stehst, wo du stehst?

Diese einfache Übung zeigt, was in einem Zeitraum von acht Jahren alles möglich ist. Denn vermutlich standest du vor acht Jahren noch an einem ganz anderen Punkt in deinem Leben als heute. Es gibt den Spruch: »Die meisten Menschen überschätzen, was sie in einem Jahr erreichen können, und unterschätzen, was sie in zehn Jahren erreichen können.« Es ist folglich mehr möglich, als du gerade vielleicht denken magst. Also, wie kann sie aussehen, unsere Arbeitswelt im Jahr 2030? Lass uns nun ein paar Jahre nach vorn spulen und einen Blick wagen.

Wie die Arbeitswelt 2030 aussehen kann

EXKURS

Stell dir vor, es ist ein gewöhnlicher Montagmorgen im Jahr 2030. Der Wecker klingelt und du streckst und reckst dich genüsslich im Bett, bevor du langsam die Augen öffnest. Du bist ausgeschlafen und fühlst dich rundum wohl in dir und deinem Körper.

Du kannst es kaum erwarten, aufzustehen und in den Tag zu starten, denn du freust dich auf die bevorstehende Woche – samt deiner Arbeit und den vielseitigen Projekten, an denen du weiterarbeiten darfst. Während du aufstehst und in die Küche gehst, um den Wasserkocher anzustellen, musst du schmunzeln. Vor einigen Jahren war das nämlich noch ganz anders. Da hättest du alles dafür getan, um jetzt liegen bleiben zu können. Die Snooze-Taste deines Weckers war dein engster Begleiter in den Morgenstunden.

Zum Glück herrschen inzwischen andere Zeiten! Du liebst deine Arbeit, sie erfüllt dich nicht nur, sie ist auch zutiefst sinnstiftend. Du bist stolz darauf, mit deinen Stärken und Talenten einen wichtigen Beitrag für die Gesellschaft zu leisten. Das bekommst du nicht bloß von den Menschen in deinem Umfeld regelmäßig widergespiegelt, sondern du fühlst es auch.

Dein Selbstbewusstsein ist ein ganz anderes geworden, du weißt, was du kannst und was du willst. Diese Klarheit ist unbezahlbar und schenkt dir jede Menge Energie für deinen Alltag. Verrückt, wie viel Zeit du doch früher für sinnlose Grübeleien verloren hast, denkst du, bevor das Sprudeln des Wasserkochers dich zurück ins Hier und Jetzt holt.

Du gießt dir eine Tasse heißen Tee ein und setzt dich mit deinem Journal in den gemütlichen Sessel vor dem Fenster. Dein Blick schweift nach draußen, wo allmählich der Tag erwacht, und in den Himmel, der sich langsam blau färbt. Du liebst diese Stille am Morgen und du schließt für einen kurzen Moment die Augen. Dankbarkeit durchfährt dich und du wanderst gedanklich durch den vor dir liegenden Tag. Langsam schlägst du das Journal auf deinem Schoß auf und schreibst deine wichtigsten Aufgaben und Ziele für den Tag nieder. Das dauert lediglich wenige Minuten und hilft dir während des Tages, fokussiert zu bleiben. Du nimmst einen letzten Schluck Tee und schlüpfst in deine Laufschuhe. Dein Lieblingslied auf dem Ohr, drehst du eine kurze Runde um den Block und machst ein paar Dehnübungen. Die Bewegung an der frischen und noch leicht kühlen Luft am Morgen tut dir gut. Als du zu Hause angekommen nach einer wohligen Dusche in der Küche das Radio einschaltest, lauschst du gespannt den positiven Nachrichten, während du dein Frühstück genießt. Es ist jeden Tag wieder schön zu hören, wie viel Gutes getan wird und wie viel sich in der Welt zum Positiven verändert. Das schenkt dir immer wieder aufs Neue Mut und motiviert dich für die Arbeit. Apropos Arbeit: Jetzt musst du dich aber sputen. Nicht weil du zu einer bestimmten Zeit an einem bestimmten Ort sein musst, sondern weil du keine Zeit verlieren möchtest, um mit deiner Arbeit die Welt zu einem besseren Ort zu machen. Im Radio soll die Reihe der guten News schließlich nicht abreißen.

Du schwingst dich aufs Fahrrad und fährst in das nächstgelegene Co-Working-Space, in dem dein Arbeitgeber seit ein paar Jahren ansässig ist. Nach dem Wochenende freust du dich richtig auf das Team und den Spirit vor Ort. Die Möglichkeit, sich zusätzlich zu den eigenen Arbeitskolleg*innen auch mit projekt- und unternehmensübergreifenden Kolleg*innen austauschen zu können, bietet unbeschreiblich viel Mehrwert und zahlreiche Synergien sind dadurch nahezu automatisch entstanden: eine gemeinsame Kantine z. B., in der superleckeres, aber vor allem auch gesundes und nachhaltiges Essen angeboten wird und auch für die Öffentlichkeit zugänglich ist. Dort bist du heute zum Lunch mit einer guten Freundin verabredet. Jetzt, wo du dich auch mal mittags mit Freund*innen treffen kannst, siehst du diese viel regelmäßiger und ihr seid auch schon auf tolle Ideen für gemeinsame berufliche Projekte gekommen. Durch diese Möglichkeit wurde aber vor allem auch deine Abendgestaltung entspannter, weil sich deine privaten Aktivitäten nicht länger nur auf die wenigen Feierabendstunden konzentrieren.

Im Büro angekommen, schallt dir schon im Treppenhaus das herzliche Lachen deiner Arbeitskolleg*innen entgegen. Die Stimmung ist wie immer gut und jede*r hat merklich Lust auf den eigenen Job. Das zaubert eine unschlagbare Arbeitsatmosphäre. Du möchtest mitlachen und nimmst die letzten zwei Stufen auf einmal und reißt die Tür auf. »Guten Morgen!«, rufst du fröhlich in die Runde und alle freuen sich, dich zu sehen. Nach einem kurzen Austausch, was ihr am Wochenende erlebt habt, macht ihr euch an die Arbeit.

»Wo sind eigentlich Marie und Tim, wollten die beiden nicht heute von hier aus arbeiten?«, fragst du die anderen. »Marie fühlt sich heute nicht so wohl. Sie hat ein ziemlich anstrengendes Wochenende hinter sich und sie ruht sich heute Vormittag lieber aus. Am Nachmittag arbeitet sie dann von zu Hause aus.« Ah okay, alles klar. Gut, dass sie einen Gang runterschaltet und auf sich achtet, geht dir durch den Kopf. »Und Tim?«, fragst du interessiert. »Tim möchte heute den Tag mit seinen Kindern verbringen. Er will sie eher vom Kindergarten abholen und mit ihnen in den Stadtwald fahren. Sie haben am Wochenende eine Reportage über das Baumsterben gesehen und jetzt möchten sie unbedingt an der heutigen Baumpflanzaktion dort teilnehmen«, sagt deine Kollegin Lisa lächelnd. Ach, wie schön, denkst du und erinnerst dich an das kleine, schnuckelige Café in der Nähe des Waldes, das du letztens entdeckt hast und in dem es so leckeren selbst gebackenen Kuchen und eine Spielecke für Kinder gab. Du schickst Tim schnell eine WhatsApp-Nachricht mit der Adresse von dem Café und wünschst ihm einen tollen Tag.

Du holst deinen Laptop aus der Tasche und suchst dir einen freien Platz. Während dein Rechner noch hochfährt, bist du gedanklich bei dem Konzept, das du heute Vormittag ausarbeiten möchtest, und kurze Zeit später bist du schon so in deine Arbeit vertieft, dass du das Treiben um dich herum schon gar nicht mehr mitbekommst. »Huhu, jemand zu Hause?«, ruft Lisa und wedelt mit ihren Händen vor deinem Gesicht herum. Erschrocken zuckst du zusammen und schaust sie fragend an. »Möchtest du mit uns eine Runde um den Block gehen?«, fragt Lisa, »Tom und ich brauchen eine kurze Pause.« Ein Blick auf die Uhr verrät dir, dass es schon 12 Uhr ist. Du hast gar nicht mitbekommen, dass es schon so spät ist. »Lieb, dass du fragst, aber ich bin schon mit Jana zum Essen verabredet. Wir treffen uns unten in der Kantine«, antwortest du Lisa und gehst mit ihr und den anderen gemeinsam Richtung Ausgang.

Jana wartet schon an der Tür auf dich und begrüßt dich herzlich. Ihr habt euch das letzte Mal vor fünf Wochen gesehen und dementsprechend viel zu erzählen. Als sie dir von ihrem neuen Projekt berichtet, wirst du neugierig. Jana hat sich mit ein paar Leuten zu einer Arbeitsgemeinschaft zusammengeschlossen, um Städte wieder grüner zu machen. Es ist in den vergangenen zehn Jahren zwar schon viel passiert, erzählt Jana, aber sie hätten viele tolle innovative Ideen entwickelt, um die positiven Entwicklungen noch weiter voranzutreiben. Du staunst, was Jana alles zu erzählen hat, und nach einer Stunde gehst du gut gelaunt und inspiriert wieder an deinen Arbeitsplatz, an dem schon Benni mit einer Tasse Kaffee auf dich wartet. Ihr wolltet den Nachmittag nutzen, um zusammen über ein gemeinsames Projekt zu brainstormen. Benni schiebt die Tasse zu dir rüber und kommt gleich zur Sache. Eure Zusammenarbeit läuft wie immer produktiv, auch wenn ihr in einem Punkt nicht weiterkommt. Ihr möchtet einen Teil der Projekteinnahmen für die Bildung von Kindern einsetzen, aber euch fehlt noch die zündende Idee, wo genau ihr das Geld investieren möchtet. Es soll auf jeden Fall ein regionales Projekt sein und mit Nachhaltigkeit zu tun haben.

Als du am Nachmittag mit deinem Rad nach Hause fährst, bist du glücklich. Du hast viel geschafft heute. Es ist zwar auch was liegen geblieben, aber morgen ist schließlich auch noch ein Tag. Jetzt möchtest du erst einmal die Sonne genießen, bevor heute Abend noch ein Onlineseminar stattfindet, zu dem du dich angemeldet hast. Das Vibrieren deines Handys verrät dir den Eingang einer Nachricht: »Wir sind spontan an den See gefahren. Hast du Lust, dazuzukommen?« Und ob! Der See ist ganz in der Nähe und du hast schließlich noch genügend Zeit. Schnell hältst du beim Unverpacktladen und kaufst frische Erdbeeren und Nüsse, bevor du dich auf dem Weg zu deiner Clique machst.

Nachdem ihr zwei Stunden ausgelassen die Nachmittagssonne genossen habt, trittst du den Heimweg an und loggst dich zu Hause in das Onlineseminar ein. Du liebst die Möglichkeit, dich so unkompliziert weiterbilden zu können, und machst dir eifrig Notizen. Rund eine Stunde später brummt dein Schädel von dem vielen Input und du kochst dir eine große Kanne Tee, mit der du dich auf deine Dachterrasse setzt. Es ist noch immer warm, auch wenn die Sonne schon untergegangen ist. Du gießt die Pflanzen und rufst noch einmal deine Nachrichten ab. Tim hat sich in eurer Chatgruppe gemeldet. Der Tag im Wald hat seiner Kreativität scheinbar gutgetan, er teilt in der Nachricht nämlich begeistert zwei grandiose Ideen. Zum Schluss schreibt er noch:»Ach ja, ich habe heute den Förster getroffen und bin mit ihm ins Gespräch gekommen. Er plant eine Kooperation mit den örtlichen Schulen, um Kindern den Wald und die Folgen des Klimawandels näherzubringen. Er sucht noch Sponsoren. Wäre das nicht etwas für uns?« Bingo! Davon musst du morgen früh gleich Benni berichten.

Du legst dein Handy weg, holst dein Journal und lässt den Tag Revue passieren. Du hakst deine To-do-Liste vom Morgen ab und machst dir bewusst, wofür du heute dankbar bist und was du alles erreicht hast. Zufrieden schlägst du das Journal zu. Das war ein guter Tag, ein richtig guter!

So wie dir geht es in Zukunft nahezu allen Menschen, denn in den Unternehmen hat sich etwas Grundlegendes verändert: Es geht nicht länger um das einzelne Individuum und um Selbstoptimierung. Es geht auch nicht länger ausschließlich um Zahlen, Daten und Fakten. Es geht darum, die Welt zu einem besseren Ort zu machen. Die Herausforderungen, die die Menschen dabei in ihrem Job zu meistern haben, sind nach wie vor groß. Sehr groß, um ehrlich zu sein. Aber die Stimmung ist gut. Die Menschen sind freundlich zueinander, sie stecken die Köpfe zusammen und arbeiten Hand in Hand. Sie haben verstanden, dass sie die Probleme nur gemeinsam angehen können. Jeder von ihnen setzt sein Talent dort ein, wo es am meisten gebraucht wird. Die Menschen arbeiten im Flow und haben Spaß in ihrem Job.

Das hat einen tief greifenden Einfluss auf verschiedene Ebenen unseres Miteinanders und auf unsere Kommunikation. Mobbing, sinnlose Streitereien, Machtkämpfe und Ellenbogenverhalten gehören der Vergangenheit an, denn die Mentalität in der Arbeitswelt hat sich grundlegend verändert. Wenn jemand trotzdem mal ein solches Verhalten an den Tag legt, ist das die Ausnahme. Er oder sie bekommt außerdem sofort klare Grenzen gesetzt: Unkooperatives Verhalten ist schlichtweg unerwünscht. Die Arbeitsbelastung ist deutlich geringer als früher, weil die Menschen freier und flexibler entscheiden können, wie viel Energie sie in ihre Arbeit stecken – zeitlich und örtlich. Über die frühere Präsenzkultur kann man heute bloß noch schmunzeln. Wie verrückt die Menschen damals doch waren. Heute ist es egal, wann und von wo aus gearbeitet wird, weil allein die Arbeitsergebnisse zählen. Das

Arbeitsgesetz wurde deshalb reformiert. Es ist heute undenkbar, dass nach Zeit bezahlt wird. Was zählt, sind eine ergebnisorientierte Zusammenarbeit und die Resultate und nicht das, was die Stempeluhr anzeigt. Ein stabiles und großflächiges WLAN-Netz macht dies möglich, sodass man von überall problemlos arbeiten kann. Das hat zwei Auswirkungen zur Folge: Zum einen ist der Berufsverkehr in der Rushhour spürbar entlastet worden und zum anderen sind die Arbeitsplätze und -räume heute wesentlich attraktiver. Denn wenn die Mitarbeiter*innen ins Büro kommen sollen, statt im Homeoffice zu bleiben, dann muss man ihnen dafür einen Grund bieten, sie müssen sich vor Ort genauso wohlfühlen wie in den eigenen Räumlichkeiten zu Hause.

Aber auch unter der Voraussetzung, dass man inzwischen ganz selbstverständlich hybrid arbeitet und sich nicht tagtäglich im Büro sieht, ist die persönliche Zusammenarbeit vor Ort nach wie vor ein wichtiger Bestandteil des Jobs. Aber anstatt wahllos für sämtliche Meetings durch die Welt zu fliegen, überlegt man nun bedachter, welche Reisen sinnvoll sind und welche nicht. Ist man früher für eintägige Meetings nach Paris, New York oder Hongkong geflogen, zieht das heute niemand mehr in Erwägung. Stattdessen verabredet man sich lieber zu mehrtägigen oder -wöchigen Workations,[59] bei denen sich der Flug lohnt und Urlaub und Arbeit miteinander verbunden werden, um die Zeit vor Ort auch wirklich effizient zu nutzen und den hohen CO_2-Fußabdruck zu rechtfertigen.

Mit der eigenen Zeit sind alle ohnehin geiziger geworden. Alle möchten weniger von dem machen, was weder Sinn ergibt noch Spaß macht, und mehr eigene

Ressourcen mit Freude sinnstiftend einbringen, egal ob im Job oder in der Freizeit. Es ist nämlich normal geworden, dass das Privatleben eine genauso wichtige Stellung im Leben einnimmt wie die Arbeit. Falls jemand mehr Zeit für seine Gesundheit, private Projekte oder seine Familie benötigt, kann diese Person sie sich jederzeit nehmen, egal ob es sich um einen freien Tag oder um eine mehrmonatige Auszeit handelt. Ohne großes Tamtam wird das im Team selbst organisiert. Denn die Kolleginnen und Kollegen haben dafür Verständnis, sie wissen um den Mehrwert dieser neuen Lebenseinstellung und dass Höchstleistung im Job nur möglich ist, wenn sich Menschen in allen Lebensbereichen uneingeschränkt entfalten können. Auch wer krank ist, bleibt selbstverständlich zu Hause – einmal natürlich, um die eigene Genesung voranzutreiben, aber auch zum Schutz anderer. Niemand schleppt sich aus einem falschen Pflichtgefühl mit einer Erkältung mehr zur Arbeit. Alle gönnen ihrem Körper die Ruhe, die er braucht.

Allgemein sind die Menschen achtsamer geworden. Auch Burn-out kommt so gut wie gar nicht mehr vor, da alle gelernt haben, auf die persönlichen Ressourcen acht zu geben. Das Leben hat sich insgesamt deutlich entschleunigt. War es in der Coronapandemie für die Menschen anfangs noch ungewöhnlich und teilweise schwierig, so viel Zeit mit sich selbst zu verbringen, ohne Ablenkung von außen, ist dies heute normal geworden. Jede*r weiß, dass die mentale Gesundheit oberste Priorität hat, und Meditation und Achtsamkeit gehören inzwischen bei allen selbstverständlich zum Alltag. Auch während der Arbeitszeit hat man Zeit, zu lesen, sich weiterzubilden und für Müßiggang, um Ideen zu durchdenken und sich mit anderen dazu auszutauschen. Die klassische Karriere steht nicht länger im Vordergrund. Es geht allein darum, sich persönlich zu entfalten und Lösungen zu finden, mit denen man Mehrwert stiften kann – das geschieht unabhängig von vorgegebenen Laufbahnkonzepten. Erwerbstätige Menschen sind nicht mehr abhängig von einem Arbeitgeber, denn sie arbeiten selbstorganisiert und bringen sich in verschiedenen Projekten ein. Sofern sie nicht ohnehin selbstständig sind, verstehen sich die Menschen als Intrapreneure, also als Unternehmer*innen im Unternehmen. Das Angestelltenverhältnis mit starren Hierarchien, so wie man es früher kannte, gibt es in dieser Form nicht mehr. Das Gründen von Unternehmen ist in Deutschland seitdem auch viel attraktiver geworden. Das liegt daran, dass es in der Gesellschaft höher angesehen ist und auch gefördert wird. Gab es früher einzig einen Gründungszuschuss vom Staat, wenn aus der Arbeitslosigkeit heraus gegründet wurde, stehen heute allen Menschen Fördermöglichkeiten zur Verfügung, sofern sie nicht nur einen funktionierenden Businessplan vorlegen, sondern vor allem auch ein sinnstiftendes Konzept.

Jede*r hat außerdem Zugang zu Bildung, Weiterbildungsmöglichkeiten und individuellen Coachingangeboten. Wissen wird bedingungslos untereinander geteilt und Lernen ist ein fester Bestandteil der Arbeitskultur. Dass Vorgesetzte und Personalabteilungen ein starres Schulungsprogramm vorgeben, aus denen die Mitarbeiter*innen wählen können, ist für die Menschen heute absurd. Sie wissen selbst schließlich am besten, in welchem Bereich sie sich weiterentwickeln und lernen möchten. Deshalb steht allen im Unternehmen, unabhängig von der Position, ein Weiterbildungsbudget zur Verfügung, über das frei verfügt werden kann. Die von Unternehmen geförderten Weiterbildungen sind deshalb auch nicht länger auf den beruflichen Bereich beschränkt, sondern können sich auf alle Lebensbereiche beziehen. Denn Unternehmen wissen, dass eine ganzheitliche Persönlichkeitsentwicklung nicht allein im Job stattfindet. Jeder und jede hat also die Möglichkeit, sich weiterzuentwickeln und zu wachsen, weil absolute Chancengleichheit herrscht. Die Führungsetagen im Jahr 2030 sind bunt und vielfältig. Dazu gehört auch, dass die Kinderbetreuung von allen gemeinsam bewältigt wird. Waren es früher hauptsächlich Frauen, die das Familienleben organisierten, bringen sich heute beide Elternteile selbstverständlich und gleichberechtigt ein.

Diese Entwicklungen haben den gesamten Einstellungsprozess in Unternehmen revolutioniert. Die Auswahl von Mitarbeiter*innen läuft heute stärkenbasiert und nicht auf Grundlage vergangener Erfahrungen. Vergangene Tätigkeiten sind nicht länger ein Erfolgsgarant für die Zukunft. Da sich das Wissen und Knowhow ohnehin so schnell verändern, kommt es allein auf die Motivation und die Stärken und Talente an, die jede*r mitbringt. Alle sind sich bewusst, dass es in der Vergangenheit im Recruiting immer wieder zu Diskriminierungen gekommen ist – sei es bewusst oder unbewusst – weshalb in den vergangenen Jahren daran gearbeitet wurde, den Rekrutierungsprozess gerechter zu gestalten, mit einem großartigen Erfolg: Durch das Einstellen vielfältiger Talente ist die Qualität der Arbeitsergebnisse in den Unternehmen durch den Zuwachs an Kreativität und Innovation maßgeblich gestiegen.

Unternehmen streben auch im Jahr 2030 nach Gewinn, aber nicht mehr um jeden Preis. Nachhaltigkeit ist vom Modewort zu einer Selbstverständlichkeit geworden, genauso, wie auf faire Arbeitsbedingungen Wert zu legen. Fair bedeutet nicht, dass es ein Konzept für alle gibt, sondern dass für die einzelnen Mitarbeiter*innen individuelle Lösungen gefunden werden. Einige Unternehmen, die diesen Trend nicht mitgegangen sind, sind vom Markt verschwunden. Sie haben schlichtweg kein Personal mehr gefunden, das für sie arbeiten wollte.

In Sachen Klimaschutz hat sich viel getan. Es hat ein Umdenken stattgefunden – in allen Gesellschaftsschichten. Statt als bloßen Verzicht wurden die Maßnahmen als Gewinn an Lebensqualität und positiver Beitrag für eine bessere Welt empfunden. In Unternehmen ist es deshalb selbstverständlich, die Ergebnisse neben den Gewinnen auch danach zu bewerten, wie nachhaltig die eigenen angebotenen Leistungen sind. Der CO_2-Wert ist ein essenzieller Faktor geworden – bei der Unternehmensbewertung und bei der Attraktivität eines Arbeitgebers. Da alle Ökosiegel transparent vergeben werden und es keine Mogelpackungen mehr gibt, ist Greenwashing kaum mehr möglich, im Gegenteil: Man würde sich dadurch nur selbst ins Aus und vom Markt schießen. Die Konsument*innen sind informiert und Know-how in dem Bereich gehört zum Basiswissen der Verbraucher*innen, das inzwischen an den Schulen als Fach unterrichtet wird. Produkte und Dienstleistungen, die einer ethischen und ökologischen Prüfung nicht standhalten, werden nicht mehr nachgefragt und auch nicht zugelassen. Wachstum und Profit sind demnach also nicht mehr die einzigen Unternehmensziele: Wettbewerbsfähig ist, wer klimaneutral agiert und Sinn stiftet.

Wurde früher daran gezweifelt, dass sich nachhaltiges Wirtschaften überhaupt finanzieren lässt, ist heute längst das Gegenteil bewiesen. Durch die gestiegene Zufriedenheit der Mitarbeiter*innen und die damit in Verbindung stehende höhere Motivation, das verstärkte Engagement sowie die immens gesunkenen krankheitsbedingten Fehltage ist die Produktivität so hoch wie noch nie. Das mag auf den ersten Blick kurios erscheinen, heißt es in meinem Zukunftsentwurf schließlich, dass sich die Menschen nicht länger krank zur Arbeit schleppen. Bei näherer Betrachtung wird aber schnell klar, dass es langfristig eben zu weniger Fehltagen führt, wenn nicht dauerhaft Belastungsgrenzen überschritten und bei gesundheitlichen Warnzeichen früh genug gegengesteuert wird. Sich also jede*r bei einer anbahnenden Erkältung lieber mal einen Tag ausruht, als durch eine verschleppte Erkältung direkt eine oder zwei Wochen auszufallen und vorher noch das ganze Team anzustecken.

Durch die gesteigerte Produktivität und den gesamtgesellschaftlichen Mindset-Shift hat sich noch etwas entscheidend verändert: die Vergütung. Diese ist nicht nur existenzsichernd und fair, sondern wird vor allem auch an dem neuen Bewertungsmaßstab der Sinnhaftigkeit ausgerichtet. Je sinnstiftender eine Tätigkeit ist, umso höher wird sie tendenziell auch vergütet.

Die höhere Arbeitszufriedenheit überträgt sich auf alle Lebensbereiche. Die Menschen sind insgesamt glücklicher und zufriedener und leben in einer inneren Fülle. Statt möglichst viel zu konsumieren, tun sie dies mit Bedacht. Sie definieren Luxus neu. »Weniger ist mehr« und »Qualität vor Quantität« heißen die Devisen statt Verschwendung und Überfluss auf Kosten der Umwelt. Das eigene Leben wird entmüllt und nachhaltiger gestaltet. Denn man weiß, dass Verzicht keineswegs Verbot bedeutet, sondern mehr Fokus, mehr Achtsamkeit und Konzentration auf das, was wirklich gefällt und hochqualitativ ökologisch ist. Statt auf kurzzeitige Trends wird auf Zeitloses gesetzt.

Schaut man 2030 in die Zukunft, sind noch viele spannende Themen und herausfordernde Fragestellungen offen. Aber eine Sache hat sich entscheidend verändert: Die Menschen haben keine Angst mehr, stattdessen blicken sie positiv und optimistisch in die Zukunft. Alle sehen das Verbesserungspotenzial und den daraus resultierenden Handlungsbedarf, aber man freut sich, die Probleme anzupacken, und ist zuversichtlich, sie meistern zu können. Denn Ideen zur Lösung gibt es dank der zahlreichen vielfältigen Talente zum Glück genug.

Die Zeiten, in denen die Tage bis zur Rente gezählt wurden, gehören endgültig der Vergangenheit an. Man arbeitet schließlich gern und möchte sich so lange wie möglich in die Arbeitswelt einbringen. Tagtäglich Lösungen für echte Probleme zu schaffen, ist sinnstiftend und Freude schenkend zugleich. Warum sollte man also ab einem bestimmten Alter kein Teil mehr davon sein wollen?

***

Klingt mein Zukunftsentwurf wie eine Bilderbuchidylle, zu schön, um wahr zu sein? Mag sein, aber trotzdem sind alle beschriebenen Aspekte möglich – mit deiner Unterstützung!

ℹ Was es im Jahr 2030 nicht mehr gibt:

- sinnlose Jobs, die keinen Mehrwert stiften;
- Präsenzkulturen in Jobs, die keine Präsenz erfordern;
- ausbeutende und unfaire Arbeitsbedingungen;
- Burn-out und steigende psychische Erkrankungen;
- Egoismus und rücksichtsloses Verhalten;
- Diskriminierung, Mobbing und Ausgrenzung;
- homogene Teams, die allein von alten weißen Männern angeführt werden;
- Arbeitslosigkeit und erwerbstätige Arbeit, die nicht existenzsichernd ist;
- erschwerter Zugang zu Weiterbildungsangeboten für Geringverdiener*innen oder Mitarbeiter*innen auf den unteren Ebenen;
- Laufbahnkonzepte und Personalentwicklungsangebote von der Stange;
- Vernachlässigung des Privatlebens zugunsten des Berufs.

Was sich konkret verändern muss

Das Ziel dieses Buches ist es nicht, konkrete Lösungen für die unterschiedlichen Herausforderungen in der Arbeitswelt anzubieten – diese können wir ohnehin nur gemeinsam im Kollektiv und für die jeweilige Branche entwickeln. Ich will dir vielmehr aufzeigen, wohin die Arbeitswelt sich entwickeln kann, wenn wir anfangen, Antworten zu suchen, und beginnen, eine Vision von unserer Zukunft zu entwickeln. Es lohnt sich, sich eine bessere Arbeitswelt vorzustellen und zu ihr beizutragen!

Statt weiterhin in Schwarz-Weiß zu denken, sollten wir alle Grautöne dazwischen mit in die Lösung einbeziehen. Dies fehlt in den aktuellen Debatten leider oftmals, wie wir an der Homeoffice-Diskussion sehen. In den sozialen Medien wurde heiß diskutiert, wie wir nach der Pandemie arbeiten sollen. Sollen alle zurück ins Büro oder im Homeoffice bleiben? Die einen hatten die Nase voll davon, mit dem Laptop am Küchentisch zu sitzen, und verteidigten vehement die Anwesenheitspflicht im Büro, die anderen liebten es, zu Hause zu arbeiten, und erinnerten daran, dass es in den zwei Jahren Pandemie ja auch geklappt habe. Beide Seiten haben gute Gründe, ihre Sicht zu verteidigen, weil jeder Mensch verschieden und in seinen eigenen vier Wänden unterschiedlich gute oder schlechte Voraussetzungen hat, um von dort mobil zu arbeiten. Die Lösung liegt in der Mitte: dem hybriden Arbeiten und den Mitarbeiter*innen die Wahl zu lassen, von wo sie arbeiten möchten.

Manchmal reicht es aber nicht, das Beste aus zwei konträren Ansichten zu verbinden. Dann müssen wir noch einen Schritt weitergehen, uns von alten Denkweisen komplett lösen, um wirklich neue Zukunftskonzepte zu entwickeln. So wird es bald notwendig sein, Arbeit ganz neu zu bewerten und bei der Entlohnung andere Bewertungsmaßstäbe anzulegen. Die Gesellschaft altert, das Rentensystem bröckelt, die Schere zwischen Arm und Reich geht immer weiter auseinander. Ein bedingungsloses Grundeinkommen (BGE) könnte hierfür die Lösung sein.[60] Der Glaube, dass dann niemand mehr arbeiten wolle, ist falsch und dem alten Denken zuzuordnen. Kritiker*innen wiegeln ab und sagen, dass das BGE ohnehin nicht finanzierbar sei. Doch auch hier gilt: Wie könnte es denn funktionieren? Hier ist Kreativität und innovatives Denken gefordert, das sich frei macht von veralteten Annahmen und Glaubenssätzen.

Viele Strömungen einer Zukunftsvision, wie ich sie entworfen habe, können wir im Ansatz schon jetzt beobachten. Aber es geht noch nicht weit genug und ist noch nicht flächendeckend in allen Branchen und Unternehmen angekommen. Um diese oder ähnliche Veränderungen wahr werden zu lassen, bedarf es gezielter Veränderungen in unserem Mindset, in unseren Werten und Verhaltensweisen.

Im Detail braucht es ...

- *... wieder mehr Menschlichkeit: Der Mensch sollte bei allen Entscheidungen und Handlungen im Mittelpunkt stehen.*
- *... eine offene Definition von und eine Vielzahl an Karrierekonzepten: Was eine »Karriere« ist, sollte jede*r für sich selbst entscheiden können. Das, was im familiären Umfeld für viele schon zur Normalität*

gehört, dürfen wir auch ins Berufliche übertragen und unseren Job dort patchworkartig aus verschiedenen Bausteinen zusammensetzen, um so all unseren vielseitigen Interessen gerecht zu werden – sofern wir das möchten.

- … ein neues ganzheitliches Verständnis von Personalentwicklung: Es sollte nicht nur die fachliche und oft schwächenbasierte Weiterbildung innerhalb eines Jobs zählen, sondern Persönlichkeitsentwicklung auf allen Ebenen gefördert werden. Entwicklung findet schließlich im Beruf und im Privatleben statt.

- … eine gerechte Einkommensverteilung: Arbeit muss wieder fair bezahlt werden und sich schlichtweg lohnen. Wenn man einer Vollzeittätigkeit nachgeht, sollte man sich keine Gedanken machen müssen, wie man am Ende des Monats über die Runden kommt. Aber Arbeit braucht vor allem auch eine Neubewertung. Das Gehaltsniveau muss proportional steigen, je mehr die Arbeit zum Gemeinwohl beiträgt.

- … anstatt einer »Höher, schneller, weiter«-Mentalität eine Mentalität hin zu mehr Sinnhaftigkeit, Menschlichkeit und Nachhaltigkeit.

- … eine offene Diskussion, ob wir die 40-Stunden-Woche beibehalten möchten oder ob es möglicherweise sinnvoll wäre, die wöchentliche Arbeitszeit lieber für alle zu reduzieren. Eine Verkürzung der Arbeitszeit kann die Gleichberechtigung zwischen den Geschlechtern fördern sowie die allgemeine Lebenszufriedenheit steigern und dadurch eben auch die Leistung und die Arbeitsproduktivität.

- … professionelle Unterstützungsangebote für Mitarbeiter*innen, die von einem Jobverlust betroffen und *gezwungen sind, sich beruflich zu verändern oder die sich aus anderen Gründen beruflich neu orientieren möchten. Die heutigen Angebote, z. B. von den Agenturen für Arbeit, verfolgen das Ziel, die Leute einfach schnellstmöglich in einen ähnlichen neuen Job zu vermitteln. Das ist oft zu kurz gedacht und weder nachhaltig noch zielführend.*

- *… ein neues Mindset, das uns befähigt, in der neuen komplexen Welt nicht nur zurechtzukommen und zu überleben, sondern außerdem unsere Lebensqualität zu steigern und das eigene Potenzial zu entfalten.*

- *… ein neues gesellschaftliches Ansehen von Selbstständigen und Unternehmer*innen sowie ein ausreichendes Unterstützungsangebot: Gründungen müssen in Deutschland wieder attraktiv werden, um langfristig Arbeitsplätze zu schaffen.*

- *… trotz zunehmender Individualisierung eine gemeinsame Wir-Kultur und ein Commitment über die Werte, an denen wir unser Handeln ausrichten, egal ob in der Gesellschaft oder auf Unternehmensebene.*

- *… einen leichteren Zugang zu Bildungsangeboten für die Gruppen, die nicht zum Kreis der High Potentials, Führungskräfte oder Besserverdienenden zählen. In einer Wissensgesellschaft muss Bildung und Wissen für alle zugänglich sein.*

- *… eine gelebte Hands-on-Mentalität: weniger meckern, stattdessen mehr Lösungsvorschläge unterbreiten und umsetzen.*

- *… eine höhere Risikobereitschaft, mutige Entscheidungen zu treffen bei einer gleichzeitig guten Fehlerkultur, um das ewige Mikromanagement und eine unnötige Abstimmeritis zu verringern.*

- *... eine wertschätzende Kultur, die alle Menschen unabhängig von Rasse, Herkunft, Geschlecht, Alter, Religion, Behinderung und sexueller Identität gleichbehandelt – und zwar nicht allein auf dem Papier! Es braucht mehr Inklusion und bunte Vielfalt statt Ausgrenzung.*
- *... weniger Egoismus und Ellbogenmentalität und stattdessen eine Kultur, die vom Wirgefühl und kollektiven Denken geprägt ist.*
- *... weniger Stress, Druck, Angst und Gefühle des Mangels zugunsten der mentalen Gesundheit.*
- *... eine stärkere Vertrauenskultur, in der es jedem Menschen möglich ist, frei zu entscheiden, wann und von wo er welche Aufgaben erfüllen möchte.*

Fazit: Wir brauchen möglichst viele Menschen mit einem sinnvollen Job

Denkst du auch manchmal darüber nach, alles hinzuwerfen und auszusteigen? Träumst du davon, zu reisen, auszuwandern oder einfach nur irgendwo abzuhängen, wo es warm ist und du in den Tag hineinleben kannst? An einem Ort, an dem du deine Ruhe hast und dem Alltagsstress entfliehen kannst? An einem Ort, an dem das Hamsterrad mal anhält und du nicht ständig den Druck verspürst, weiterrennen zu müssen und gleichzeitig das Gefühl zu haben, nicht schnell genug zu sein? An einem Ort, an dem du keine Verpflichtungen hast und allein das tun und lassen kannst, wonach dir gerade ist?

Ich glaube, diese Gedanken hatten wir alle schon einmal. Doch was in der Theorie so schön klingt, hat zwei Haken, erstens: Obwohl es sicherlich lokale Unterschiede gibt, die in diesem Buch beschriebenen Herausforderungen und Megatrends sind global, das heißt, du wirst überall auf der Welt mit ihnen konfrontiert werden. Und zweitens nimmst du dich immer mit. Wenn du also hier nicht erfüllt bist, wirst du es woanders vermutlich auch nicht sein, solange deine Unzufriedenheit nicht allein am Wetter liegt.

Ich bin ein großer Fan davon, zu reisen und die Welt zu entdecken – allein aus der puren Freude und Neugier heraus. Meine Unterstützung hast du, sollte es dir ebenso ergehen, aber reise nicht, um vor deinen hiesigen Problemen und deiner Unzufriedenheit wegzulaufen, denn erstens funktioniert das nicht und zweitens brauchen wir dich. Selbstverständlich kannst du deine Stärken und Talente auch in einem Job im Ausland ausführen oder von unterwegs arbeiten. Die Grenzen verschwimmen sowieso immer mehr und viele Menschen sehen sich inzwischen als Weltbürger*innen. Wo auf dieser Welt du dein Potenzial einsetzt, ist also egal. Aber du solltest dich nicht danach sehnen, Ruhe zu haben, sondern danach, dich einzubringen und positive Veränderungen zu gestalten. Wie wir wissen und in den vorherigen Kapiteln gesehen haben, sind die Herausforderungen unserer Gesellschaft groß. So groß, dass niemand von uns sie allein bewältigen kann, im Gegenteil: Wenn wir unsere Arbeitswelt nachhaltig in eine positive Richtung lenken möchten, sind wir alle gefragt – und zwar mit unserem ganzen Potenzial. Klar ist, dass Menschen, die ihren Arbeitstag gelangweilt in einem Büro verbringen und nur auf den Feierabend warten oder sich am liebsten woanders hinbeamen möchten, sich weder selbst dienen noch dem

Unternehmen und der Gesellschaft schon gar nicht. Welch eine Verschwendung deines Talents und deiner wertvollen Zeit, solltest du zu diesem Personenkreis gehören!

Umso mehr Menschen es schaffen, sich ihr (Arbeits-)Leben genauso zu gestalten, wie es zu ihrer privaten Situation, ihren Wünschen und Lebenszielen passt, umso besser geht es unserer Gesellschaft. Davon bin ich überzeugt. Wenn man im Einklang mit den eigenen Bedürfnissen lebt, steigert das das Glückserleben und damit die psychische Gesundheit. Das macht uns auf Dauer nicht bloß mental gesünder, sondern auch körperlich. Denn wer nicht im Dauerstress ist, hat mehr Zeit für Sport und Bewegung, für Ruhepausen und um Achtsamkeit zu praktizieren und auch die Muße, gesund zu kochen, anstatt sich schnell nach der Arbeit noch eine Pizza zu bestellen. Verfolgen mehr Menschen eine gesündere und weniger stressige Lebensweise, kommt das unserem Gesundheitswesen zugute, da die Behandlungskosten sinken, und den Unternehmen, da geringere Krankheitsquoten ihre Produktivität steigern. Unsere Wirtschaft würde also durch die persönliche Zufriedenheit ihrer Arbeitskräfte immens gestärkt werden.

***

Wenn du dein Inneres nicht anpasst, wird kein Ort der Welt dich glücklich machen. Fang deshalb bei dir an und geh auf Entdeckungsreise in deinem Inneren. Wir denken viel zu oft, dass wir noch dieses oder jenes brauchen, um glücklich sein zu können. Aber in Wahrheit brauchen wir allein die Verbindung zu uns selbst.

Es ist schon alles in dir, du musst es nur rauslassen und dich trauen, es in die Welt zu tragen.

❶ Was du persönlich tun kannst, um den Wandel mitzugestalten:
1. Finde einen Job, der für dich Sinn ergibt, und biete Mehrwert.
2. Nimm Rücksicht auf andere und tue Gutes.
3. Halte dich aus Lästereien raus und trete Hass, Hetze und Mobbing entschieden entgegen.
4. Lebe möglichst nachhaltig und sei Vorbild. Du musst dabei nicht alles perfekt machen – lieber kleine Schritte als keine.
5. Lächle und verbreite so oft es geht gute Laune und Optimismus.
6. Begegne Veränderungen mit einer positiven Grundhaltung. Bewahre dir einen kritischen Blick, aber suche statt nach Fehlern nach Lösungen!
7. Räume deiner Gesundheit Priorität ein – nicht nur der körperlichen, sondern auch der mentalen.

KAPITEL VIER

DIE ZUKUNFT DER ARBEIT FÄNGT BEI DIR AN

Die Welt zu verändern bedeutet in erster Linie, sich selbst zu verändern. Das ist nicht immer ganz einfach. Alle, die in der Silvesternacht schon einmal Neujahrsvorsätze gefasst haben, wissen das. Es ist ähnlich wie beim Abnehmen: Anfangseuphorie und Motivation sind hoch. Konsequent streicht man alles Ungesunde vom wöchentlichen Speiseplan und rafft sich sogar mal zum Sportmachen auf. Alles läuft super, wenn es da nicht ein Problem gäbe. Die anfängliche Begeisterung verpufft nämlich meist schneller, als einem lieb ist. Plötzlich fällt es einem nicht mehr ganz so leicht, der Versuchung zu widerstehen, und irgendwann knickt man ein. Mit dem Gedanken »Einmal ist keinmal« landet das Stück Kuchen zuerst auf dem Teller und anschließend im Mund. Mmh, und wie das schmeckt, lecker. Solange es bei dem einen Stück bleibt und wir mit unseren Vorsätzen anschließend einfach weitermachen, ist das ein Ausrutscher, kein Problem! Doch viele von uns kennen vermutlich auch dieses Phänomen: Noch während wir kauen, verwandelt sich der Gedanke »Einmal ist keinmal« in ein schlechtes Gewissen (»War das wirklich nötig? War ja klar, dass du das nicht durchziehst!«) bis hin zu der »Jetzt ist es auch egal«-Haltung, begleitet vom Griff zum zweiten Stück Kuchen. Huch, spätestens jetzt sind alle guten Vorsätze über Bord geworfen.

Was haben wir falsch gemacht? Wir nehmen uns häufig viel zu viel vor und möchten es dann auch noch *perfekt* umsetzen. Wir denken in Absolutismen: Wir nehmen uns vor, ab Tag X überhaupt keine Süßigkeiten mehr zu essen, statt einfach die Menge zu reduzieren oder erst einmal an drei Tagen pro Woche auf Süßkram zu verzichten. Und wenn wir unser viel zu hochgestecktes Ziel hinterher nicht erreichen, erleben wir uns als

Versager*in. Dass wir die ersten Tage eisern durchgehalten haben, rückt schnell in Vergessenheit. Vielmehr fühlen wir uns gescheitert und undiszipliniert, weil wir die Dinge richtig machen wollen, das heißt ganz oder gar nicht. Und wehe wir leisten uns einen Fehltritt! Direkt im Anschluss beschimpfen wir uns und resignieren früher oder später.

Dabei benötigt nun mal jede Veränderung Zeit und Energie, egal ob sie privater oder beruflicher Natur ist. Es ist ganz normal, dass es während der Umstellung zu Rückschlägen genauso wie zu Erfolgen kommt. Nehmen wir mich zum Beispiel. Seitdem ich mich mit dem Thema Nachhaltigkeit befasse und meinen Konsum reflektiere, hat sich vieles getan. Ich kaufe nachhaltiger ein, esse weniger Fleisch und hinterfrage mich und meine Gewohnheiten mehr. Mache ich dabei Fehler oder habe Rückfälle? Ja, klar! Wenngleich ich gern schreiben würde, dass ich mich seitdem konsequent vegan oder vegetarisch ernähre, ausschließlich Bioprodukte kaufe und nichts mehr bei Amazon bestelle. So ist es (leider) nicht.

Aber weißt du was? Das ist auch völlig okay. Vielleicht sehen das nicht alle so, aber meiner Ansicht nach sollte Perfektionismus nicht unser Anspruch sein, weder bei uns noch bei anderen. Denn Perfektionismus birgt immer schon das Scheitern in sich. Es ist doch sowieso nicht möglich, alles perfekt zu machen, warum haben wir diesen Druckmacher dann so verinnerlicht? Und nicht nur das, wir machen nämlich nicht bloß uns selbst das Leben schwer mit unseren unhaltbaren Ansprüchen, sondern auch anderen. Als ich jemandem von meinem Buch erzählte, wurde ich gefragt, ob ich nun unter die Ökos gegangen sei, und dass ich in dem

Fall ja auch nicht mehr fliegen dürfe. Die Message lautete: Solange du nicht alles perfekt machst, darfst du dich auch nicht für das Thema Nachhaltigkeit einsetzen. Also allein unter der Voraussetzung, dass ich auf alles verzichte, was den Klimawandel beschleunigt, darf ich von einer besseren Welt träumen? Ernsthaft?

Aber es stimmt, diejenigen, die sich am deutlichsten für eine bessere Welt einsetzen, werden bei Fehlern am schnellsten kritisiert, z. B. Klimaschutzaktivistinnen: Luisa Neubauer dafür, dass sie irgendwann mal geflogen ist; Greta Thunberg dafür, dass sie im Zug ein in Plastik verpacktes Sandwich gegessen hat. Sobald sich eine Veganerin Lederschuhe kauft, wird sofort der Zeigefinger gehoben und der Vorwurf der Doppelmoral formuliert. Anstatt zu feiern, was die andere Person alles gut macht, verurteilen wir überkritisch jeden kleinen Fehltritt. Ein solches Vorgehen impliziert, dass sich nur diejenigen für mehr Klimaschutz einsetzen dürfen, die sich zu einhundert Prozent klimaneutral verhalten. Ist das realistisch? Nein. Denn oft geht es gar nicht anders. Man muss zunächst einmal überhaupt die Wahl haben, sich zwischen einem herkömmlichen und einem klimaneutralen Produkt beziehungsweise Weg entscheiden zu können, weshalb sich ja etwas tun muss. Deshalb ist es unfair, andere für Inkonsequenzen zu verurteilen, ohne selbst einmal überhaupt den Versuch zu wagen, klimafreundlicher zu leben. »Ich allein kann die Welt ohnehin nicht retten.« Oh, wie ich diesen Spruch inzwischen hasse. Natürlich schafft es niemand allein, aber wir schaffen es auch nicht ohne dich. Sich auf die Seite der Nichtstuer*innen zu stellen und die anderen noch dafür zu belächeln, dass sie versuchen, etwas zu verändern, ist zu einfach.

Es ist genau diese »Ganz oder gar nicht«-Haltung, die uns nicht weiterbringt. Es ist ohnehin viel wirkungsvoller, wenn jede*r von uns einen (so großen wie persönlich möglich) Teil zur Veränderung beiträgt als ein perfekt klimaneutrales Leben von einigen wenigen Menschen. Für die Zukunft würde ich mir wünschen, dass wir weder dogmatisch noch missionarisch unterwegs sind und weniger mit dem Finger auf andere zeigen, und stattdessen unser Gegenüber für jeden – auch noch so kleinen Beitrag, den es leistet – feiern, statt aufzuzeigen, was es alles falsch macht. Wir können klimafreundlichere Optionen aufzeigen und einladen, sie zu nutzen. Dabei werden wir selbst an unseren Ansprüchen immer wieder scheitern, aber möglicherweise auch immer besser scheitern. Diesen Versuch müssen wir alle wagen, wollen wir unseren Planeten noch retten. Keine*r kann sich aus dieser Verantwortung davonstehlen.

Zu einer besseren Welt beizutragen, bedeutet nämlich vor allem, Verantwortung zu übernehmen: für dein eigenes Leben und deine Zufriedenheit – sei es beruflich oder privat –, aber eben auch einen Beitrag für alle zu leisten, wo es dir möglich ist. Die meisten unzufriedenen Menschen suchen die Schuld für ihren Frust nicht bei sich, sondern bei anderen oder den Umständen: bei dem*der Chef*in, dem*der Partner*in, der Kindheit, dem geringen Gehalt etc. Unzufrieden im Job? Das Team nervt. Wir sind knapp bei Kasse? Unser Gehalt ist viel zu gering. In der Beziehung läuft es nicht? Unser*e Partner*in ist nicht beziehungsfähig! Häufig sind die anderen schuld und man selbst ist das Opfer – das ist auch so herrlich bequem. Denn wenn ich selbst keine Einflussmöglichkeiten habe, brauche ich auch nichts zu ändern. Diese passive Opferhaltung ist nur auf den ersten Blick reizvoll, auf den zweiten verhindert sie, dass wir Selbstwirksamkeit erleben. Das ist fatal, weil diese mitentscheidend für unser Glück ist.

Als Erstes ist es wichtig, zu akzeptieren, dass allein du für deine Zufriedenheit und eben auch Unzufriedenheit verantwortlich bist. Du bist durch deine bisherigen Entscheidungen in die aktuelle Situation gekommen, du hast dich dort reingeritten. Die gute Nachricht ist, dass du dich deshalb auch wieder allein aus ihr befreien und deine Arbeit besser gestalten kannst. Sollte es in deinem jetzigen Job oder auf deiner jetzigen Stelle tatsächlich nicht machbar sein, hast du die Wahl, dich umzuorientieren. Wie du dabei vorgehst, zeige ich dir im nächsten Kapitel. Jetzt soll es erst einmal darum gehen, wie du die Weichen für eine bessere Welt legst und damit einen Unterschied machst. Schauen wir, worauf es dabei wirklich ankommt.

Wie du zu einer besseren Welt beiträgst

Der Weg zu einer besseren Welt fängt bei dir selbst an. Indem du Vorbild bist und mit gutem Beispiel vorangehst, du einen positiven Beitrag leistest und anderen mit deinen Stärken und Potenzialen dienst. Oder andersrum gesagt: Wer sich verändert, verändert die Welt. Ein bekanntes Sprichwort lautet, dass man vor seiner eigenen Haustür kehren solle. Die Weisheit rät, nicht mit dem Finger auf andere zu zeigen und sich nicht in fremde Angelegenheiten einzumischen. Sie impliziert aber auch, dass, wenn jede*r vor der eigenen Tür kehren würde, die Welt sauber wäre. Das klingt logisch und ist vor allem auch einfach umsetzbar, da die Arbeit dann schließlich nicht an einigen wenigen hängen bleiben würde, sondern jede*r von uns würde seinen oder ihren Teil dazu beitragen.

Ganz so einfach scheint es im wirklichen Leben aber wohl doch nicht zu sein. Als ich letztens spazieren gegangen bin, sah ich eine Wirtin vor ihrem Restaurant die Zigarettenstummel zusammenfegen. Erstaunt beobachtete ich, dass sie den Müll allerdings nicht aufkehrte, sondern hinter die Hausgrenze schob und dort liegen ließ. Nun gut, da hatte sie das Sprichwort scheinbar missverstanden. Denn es geht natürlich nicht darum, den Müll einfach bei den Nachbar*innen abzuladen. Dieser egoistische Zug ist leider sinnbildlich für unsere Arbeitswelt, in der häufig eine Ellbogenkultur herrscht und jede*r mehr an sich selbst als an andere denkt. Dies ist immer wieder in Unternehmen zu beobachten, in denen jede Abteilung vor sich hin wurschtelt und nur das eigene Budget und Ergebnis vor Augen hat. Es herrscht Silodenken statt einer ganzheitlichen Betrachtung und abteilungsübergreifenden Zusammenarbeit.

Wie wäre es aber umgekehrt, wenn du die Straße vor dem Nachbarhaus einfach mitfegen würdest und den Bewohner*innen damit unerwartet eine Freude machst? Es heißt schließlich nicht umsonst: Wer anderen eine Freude macht, beschenkt sich selbst. Oft spielt aber auch Neid eine Rolle. Wenn ich früher pünktlich Feierabend gemacht habe, kam oft der Spruch:»Na, hast du neuerdings einen Teilzeitjob?« Dieser überflüssige Kommentar kam grundsätzlich von den Leuten, von denen ich wusste, dass sie auch gern mal früher nach Hause gegangen wären, sich das selbst aber nicht erlaubt haben. Die Schauspielerin und Moderatorin Susan Sideropoulos wurde in einem Podcast-Interview mal nach ihrem Beziehungsgeheimnis gefragt. Schließlich lernte sie ihren Mann schon im Alter von 17 kennen und ist seitdem glücklich mit ihm zusammen. Ihre Antwort auf die Frage lautete, dass es wichtig sei, gönnen zu können und den eigenen Nutzen nicht sofort aufzuwiegen, so nach dem Motto: »Du warst letztes Wochenende schon mit deinen Kumpels unterwegs, jetzt bin ich aber dran!« Ein solches Mindset bestimmt aber oftmals die Teamarbeit. Wenn ich dir etwas von deinen Aufgaben abnehmen soll, erwarte ich eine Gegenleistung. Die Frage, die wir uns sofort stellen, ist doch oft: Was habe ich davon?

Aber wie wäre es, die Frage einmal umzudrehen? Was haben andere davon, dass es mich gibt? Das ist die einzige sinnvolle Frage in diesem Zusammenhang. Frage dich, was du für die Welt tun kannst. Deshalb geht es im nächsten Abschnitt darum, wie du dich zukunftsfähig aufstellst, um den erforderlichen weltweiten Wandel bestmöglich mitgestalten zu können.

Die Skills der Zukunft

Der Strukturwandel unserer Arbeitswelt hat zwangsläufig einen Einfluss auf die Kompetenzen, die in ihr benötigt werden. In einer Welt, in der sich alles immer schneller dreht und das, was wir heute lernen, morgen schon veraltet ist, kommt es zukünftig weniger auf reines Fakten- und Fachwissen an, sondern vielmehr auf das eigene Mindset und auf Kompetenzen, die über das Fachliche hinausgehen.

Selbstverantwortung und Eigeninitiative

Aus meiner Zeit im Bereich Personalentwicklung weiß ich, dass es zwei verschiedene Typen von Mitarbeiter*innen gibt. Die einen nehmen ihre Karriere und Weiterentwicklung selbst in die Hand – sie sorgen dafür, dass sie Seminare besuchen können, bringen sich aktiv mit ein und kommen vorbereitet mit adäquaten Vorschlägen zu Mitarbeiter*ingesprächen. Die anderen sind abwartend und harren der Dinge, die da kommen. Sie erwarten, dass ihnen die passende Weiterbildung oder noch besser die Beförderung auf dem Silbertablett präsentiert wird. Das macht aber natürlich niemand und so ziehen die Jahre ins Land, ohne dass ihnen karrieretechnisch oder beruflich etwas passiert. Wie auch? Schließlich sind wir für unser Leben selbst verantwortlich. Hier ist in Zukunft noch stärker Selbstverantwortung gefragt, die eigene berufliche Laufbahn selbst in die Hand zu nehmen und aktiv zu gestalten. Die Strategie »Abwarten und Tee trinken« bringt dich nicht weiter, sondern schnell ans Ende der Fahnenstange.

Welche Skills neben der Selbstverantwortung und Eigeninitiative für deine berufliche Zufriedenheit noch wichtig sind, erfährst du im Folgenden.

Veränderungsbereitschaft

Zu den zentralsten Fähigkeiten, die in den nächsten Jahren gefragt sein werden, gehört es, offen zu sein und Neuerungen mit Neugier zu begegnen. In einer Arbeitswelt, die zusehends volatiler, unsicherer, komplexer und ambivalenter wird, müssen wir selbst fortwährend flexibler werden: in unseren Einstellungen, unserem Lernverhalten und unserem Denken. Charles Darwin hat gesagt: »Es ist nicht die stärkste Spezies, die überlebt, auch nicht die intelligenteste, sondern diejenige, die am besten auf Veränderungen reagiert.«[61] Deshalb gehört es zu den absoluten Key Skills, sich den Veränderungen anpassen zu können. Das ist auf dem Arbeitsmarkt deutlich zu spüren. Früher war es üblich, viele Jahre lang bei einem Arbeitgeber beschäftigt zu sein – idealerweise bis zum Renteneintritt. Lebensläufe sollten einen erkennbaren roten Faden und keine Lücken haben. Die Werte in der Arbeitswelt beruhten auf Loyalität und Beständigkeit. Zu viele Wechsel im Lebenslauf schreckten ab und erweckten Misstrauen. Heute ist das umgekehrt. Jemand, der zu lange im Job auf einer Position verharrt, schießt sich karrieretechnisch selbst ins Aus. Man ist skeptisch, ob diese Person überhaupt fähig ist, sich anzupassen und woanders neu einzuarbeiten. Dazu bedarf es selbstverständlich nicht unbedingt eines Arbeitgeberwechsels, aber es ist gut, wenn du dir innerbetrieblich immer wieder neue Herausforderungen und Projekte suchst, bei denen du dich einsetzen und gleichzeitig viel lernen kannst.

Lebenslanges Lernen

Diese Entwicklung macht offensichtlich, dass lebenslanges Lernen wichtiger denn je ist. Es funktioniert nicht mehr, einmal einen Beruf zu lernen und sich dann einzubilden, sich von nun an zurücklehnen zu können. Im Gegenteil, das Lerntempo wird kontinuierlich angezogen. Das hat auch mit der Digitalisierung zu tun. Laut dem Institut für Arbeitsmarkt- und Berufsforschung (IAB) sind in den letzten fünfzig Jahren

mehr Arbeitsplätze entstanden, als abgebaut wurden –
für Leute mit einem akademischen Abschluss. Für
Geringqualifizierte war indes ein umgekehrter Trend
zu beobachten, für sie gibt es immer weniger Stellen.[62]
Diese Entwicklung wird sich aufgrund der fortschreitenden Digitalisierung fortsetzen. Laut einer Studie
des McKinsey Global Institute stehen allein in Deutschland bis zum Jahr 2030 rund 10,5 Millionen Arbeitnehmer*innen vor massiven Veränderungen. 6,5 Millionen
davon müssen sich in den kommenden Jahren umschulen lassen und sich erheblich neue Qualifikationen aneignen.[63] Um uns zukünftig beruflich sicher zu fühlen,
müssen wir alle in uns selbst als Humankapital investieren und uns frühzeitig gemäß den eigenen Stärken
und dem Bedarf am Arbeitsmarkt weiterbilden oder
neu orientieren. Der Schlüssel zu mehr Arbeitsplatzsicherheit und Wohlstand heißt Qualifikation. Lebenslanges Lernen muss deshalb in unser aller Fokus rücken. Hierzu passt ein Zitat von John F. Kennedy sehr
gut: »Es gibt nur eines, was auf Dauer teurer ist als
Bildung: Keine Bildung.« Wie recht er hatte.[64]

Digitalkompetenz

Es leuchtet ein, dass in einer Welt, in der alles permanent digitaler wird, wir eine hohe Digitalkompetenz
genauso benötigen wie ein gutes Technikverständnis.
Natürlich muss nicht jede*r gleich zum Technikfreak
mutieren, aber wir sollten keine Scheu davor haben,
uns mit ihr zu beschäftigen. Denn selbst wenn wir nicht
in einem MINT-Beruf arbeiten, merken wir doch, wie
nahezu alle Aufgaben und Prozesse digitaler werden
und sich die Kommunikation verändert. Haben wir

früher intern hauptsächlich über die Hauspost und das Telefon kommuniziert, nutzen wir heute neben E-Mail-Programmen auch Slack, Trello, WhatsApp, Skype, Zoom oder Teams. Und das sind längst nicht alle Tools, die zum Einsatz kommen. Ich beobachte, wie sich einige noch immer dagegen sperren und denken, sie kämen um den neumodischen Kram drum herum. Dieses fehlende Wollen erlebe ich übrigens nicht bloß bei den Älteren, sondern überraschenderweise in allen Generationen. Sie wissen, wie man etwas googelt, Fotos in den Freundeskreis schickt und vielleicht auch wie man etwas über eBay Kleinanzeigen verkauft, aber dann hört es auch schon auf. Darüber hinaus besteht kein Interesse, sich mit dem Technikkram zu beschäftigen. Bei den Menschen über achtzig mag das vielleicht noch funktionieren, bei den unter Achtzigjährigen aber nicht mehr. Angst vor Technik ist deshalb fehl am Platz, man sollte sich unbedingt frühzeitig mit ihr auseinandersetzen. Zu diesem Schluss kommt auch die Initiative 21, die außerdem auf Folgendes aufmerksam macht: »Gering Gebildete beherrschen einfache Internetrecherchen, jedoch gibt es Defizite bezüglich der Quellenvielfalt und des Erkennens von unseriösen Nachrichten.«[65] Diese Problematik führt leider auch dazu, dass sich Fake News verbreiten und einige alles ungefiltert glauben, worüber sie im Netz stolpern. Allein schon deshalb ist es essenziell, dass wir digitale Kompetenzen erlangen.

Empathie und emotionale Intelligenz

Dort, wo die Grenzen der Technik liegen, sind wir Menschen besonders gefragt. Deshalb gewinnen Empathie und emotionale Intelligenz (EQ) zusehends an Bedeu-

tung, also die Fähigkeiten, sich in andere hineinverset-
zen und eigene Emotionen erkennen, verstehen und
steuern zu können. Diese Fähigkeiten sind für deine
eigene Zufriedenheit wichtig, aber natürlich auch die
Grundlage für eine erfolgreiche Zusammenarbeit mit
anderen. Jobprofile, in denen sie nicht gefordert sind
und die ein hohes Automatisierungspotenzial mitbringen, werden langfristig vom Arbeitsmarkt verschwin-
den. Anders wird es hingegen bei Berufen sein, bei denen eine hohe Empathie gefordert ist: Erzieher*innen,
Krankenpfleger*innen, Psycholog*innen, aber auch
Verkaufsprofis und Kreative sowie viele weitere werden
auch in Zukunft krisensichere Jobs haben.

Empathie ist die Basis gelingender Beziehungen
und die Grundlage für eine bessere Welt. Wir sehen
tagtäglich, was passiert, wenn sie fehlt. Ihr Fehlen
führt zu Hass, Diskriminierung, Egoismus, Vernachlässigung, Ignoranz und Ausgrenzung. Das Gute ist,
dass emotionale Intelligenz erlernbar ist und trainiert
werden kann. Das geschieht insbesondere dadurch,
sich selbst und das eigene Verhalten immer wieder zu
hinterfragen und zu versuchen, die Perspektive auch
einmal zu wechseln. Emotionale Intelligenz ist wohl
eine der wichtigsten Fähigkeiten unserer Zeit.

Dazu eine persönliche Geschichte: Im Frühjahr
2021 bin ich einem virtuellen Buchklub beigetreten.
Zufällig war ich bei Facebook über den Post einer jungen Frau gestoßen, die einen Buchklub gründen wollte
und auf der Suche nach weiteren Mitgliedern war. Da
das schon lange auf meiner Bucket List stand, war ich
sofort Feuer und Flamme. Kurze Zeit später war unser erstes Treffen und seitdem tauschen wir uns jeden
Dienstag zu einer vorher abgestimmten Lektüre aus.

Das erste Buch, das wir gelesen haben, war »exit RA-CISM« von Tupoka Ogette, ein Buch, das einen großen Einfluss auf mich hatte und das ich vermutlich allein von mir aus nie gelesen hätte.[66] Schließlich habe ich einen bunten, vielfältigen Freundeskreis und bin weit davon entfernt, rassistisch zu sein. So dachte ich jedenfalls. Während ich das Buch las, kam es aber wiederholt zu erhellenden Ohs und Ahs und am Ende zu der Erkenntnis: Ich habe mich durchaus in der einen oder anderen Situation schon rassistisch verhalten, zwar unbewusst und ohne böse Absicht, aber Rassismus bleibt Rassismus. Meine Absicht hinter meinem Rassismus ist dem Menschen, dem er gilt, herzlich egal. Zu Recht. Denn nur weil uns unser eigenes Fehlverhalten nicht bewusst ist, macht es das in keiner Weise besser, eher im Gegenteil: Wir treten ins Fettnäpfchen und merken es noch nicht mal.

Durch Ogettes Buch verstand ich besser, was es bedeutet, in unterschiedlichen Lebensrealitäten aufzuwachsen, und dass in Deutschland nicht alle die gleichen Privilegien haben wie ich als weiße Frau aus einer deutschstämmigen Unternehmerfamilie. Das war mir zwar auch schon vorher bewusst, aber nach der Lektüre ging mein Verständnis dessen noch einen entscheidenden Schritt weiter. Ich begann, mit meinem Umfeld darüber zu sprechen, und erntete ganz unterschiedliche Reaktionen. Manche hatten sich schon näher mit dem Thema auseinandergesetzt, andere schoben es eher von sich, ganz nach dem Motto:»Ach, jetzt übertreibst du aber.« Ich habe gemerkt, dass es nicht allen leichtfällt, sich in die Lage anderer Menschen hineinzuversetzen. Und dabei ist das so wichtig – egal in welchem Kontext. Bei Konflikten z. B. ist es unheimlich wertvoll, sich zu fragen, warum die andere Person so reagiert hat und welche positive Absicht hinter ihrem Verhalten möglicherweise steckt. Denn die hat letztendlich jede*r von uns. Das ist jedenfalls mein Grundverständnis, das auf dem humanistischen Menschenbild von Carl Rogers basiert. Dieses Menschenbild besagt außerdem, dass jeder Mensch alles in sich trägt, um seine persönlichen Probleme und Herausforderungen zu lösen, und jederzeit fähig ist, sich weiterzuentwickeln.[67]

Aber warum fällt es uns dann so schwer, die Perspektive zu wechseln? Weil wir es nicht gewohnt sind. Oft bewegen wir uns ausschließlich in unserer Bubble und bekommen unsere eigene Meinung dort quasi immer nur bestätigt, anstatt mit Gegenstimmen konfrontiert zu werden. Es ist ohnehin so, dass wir uns zu dem hingezogen fühlen, was wir kennen. Und uns kennen wir nun mal am besten, weshalb wir uns in Beziehungen und Freundschaften häufig Menschen suchen, die uns in Meinung, Biografie, Bildung und sozialem Status ähneln. Aber auch unsere Wahrnehmung hat eingebaute Filtermechanismen, die sie verzerrt oder einschränkt. Wir tendieren dazu, bloß das wahrzunehmen, was unsere eigene Meinung beziehungsweise unsere Vorannahmen bestätigt. Andere Sichtweisen blenden wir hingegen aus. Auch online leben wir in einer Filterblase. Denn der Algorithmus in den sozialen Medien befeuert diese Wahrnehmungsverzerrung noch und filtert unseren Newsfeed so, dass wir nur noch die Posts und Storys von Personen zu sehen bekommen, die tendenziell ähnlich ticken wie wir. Dadurch wird das eigene Weltbild immer wieder bestätigt, wohingegen andere Ansichten und Meinungen gezielt außen vor bleiben.

Das ist wichtig zu verstehen und wir müssen es uns regelmäßig ins Gedächtnis rufen, ansonsten ist die Gefahr groß, dass wir zentrale Aspekte übersehen und einen Tunnelblick einnehmen. Dagegen hilft, bewusst aus seiner Blase herauszutreten und den Kontakt zu andersdenkenden Menschen zu suchen, sich mit ihnen auszutauschen und über kontroverse Themen zu diskutieren, ihnen dabei zuzuhören und das Gegenüber verstehen zu wollen. Darauf kommt es letztendlich an, und das vermisse ich in den gängigen Diskussionen viel zu häufig. Allzu oft möchte man dort einzig und allein die eigene Meinung bestätigt wissen und diese gegebenenfalls durchboxen. Das hat mit Empathie nichts zu tun. Viel positiver und wirkmächtiger wäre es stattdessen, wirklich miteinander zu reden, Meinungen auszutauschen und trotz größter Unterschiedlichkeiten Gemeinsamkeiten zu finden, die uns verbinden.

Vorwärtsgewandtheit und Zukunftsorientierung

Noch eine Sache sollte nicht außer Acht gelassen werden: Es ist essenziell, sowohl die eigene Entwicklung als auch die des Marktes im Blick zu haben. Wer die Zukunftstrends beobachtet, kann frühzeitig Trendwenden erkennen und im Unternehmen sowie bei sich selbst gegebenenfalls gegensteuern. Wenn ich ein Gespür dafür habe, welche Kompetenzen in Zukunft gebraucht werden, kann ich mich rechtzeitig neu aufstellen, mich weiterbilden oder wertvolle Kontakte knüpfen. Ansonsten verliere ich schnell den Anschluss und verhafte in alten Fakten, die schon längst keine Gültigkeit mehr haben.

Noch immer erlebe ich Menschen, die davon überzeugt sind, dass es heute schwierig ist, einen Job zu finden. Sobald man über fünfzig sei, stelle einen schließlich niemand mehr ein. Dass wir in Deutschland nahezu Vollbeschäftigung haben und unter einem extremen Fachkräftemangel leiden, ist an diesen Personen scheinbar völlig vorbeigegangen, genauso wie die Tatsache, dass die Generation 50 plus auf dem Arbeitsmarkt durchaus gefragt ist und Unternehmen es sich gar nicht mehr leisten können, diese Altersgruppe aus dem Recruiting auszuschließen. Klar mag es vereinzelt Ausnahmen geben, aber der Trend auf dem Arbeitsmarkt ist mehr als deutlich.

Selbstverständlich kann man aufgrund der Komplexität nicht alle Trends vorhersehen und jederzeit bestmöglich informiert sein, aber die groben Entwicklungen der Wirtschaft und insbesondere die des Arbeitsmarktes sollte jede*r Erwerbstätige*r kennen. Wie sonst soll man seinen Marktwert bestimmen und sich zukunftsfähig aufstellen? Das ist auch für die berufliche Neuorientierung wichtig. Denn ob die eigene Vision umsetzbar und sinnvoll ist, erkenne ich erst, wenn ich weiß, was der Markt braucht. Hier sollten wir unternehmerischer denken und genauso strategisch vorgehen wie ein Start-up, das ein neues Produkt auf den Markt bringt.

Und noch etwas kannst du dir von der Start-up-Mentalität abschauen: die Fähigkeit, flexibel zu bleiben und agil zu sein. Nur so kannst du Chancen erkennen und ergreifen, obwohl sie bis dahin nicht in deinem Plan vorkamen. Einen Plan zu haben ist wichtig, aber bleibe bei alledem offen gegenüber Neuem und den Möglichkeiten, die heute noch nicht absehbar sind und die sich dir auf deinem Weg bieten. Dazu bedarf es einer gewissen Ungewissheitstoleranz, aber diese nützt dir am Ende mehr als ein starrer Fünfjahresplan.

Achtsamkeit und Resilienz

Der enorme Zeitdruck, mit dem wir heute leben, gibt Anlass zur Beunruhigung. Er betrifft nicht bloß die Arbeit, auch in der Freizeit ersticken wir an der Vielzahl von Punkten auf unserer To-do-Liste. Um bei dem aktuell hohen Tempo mithalten zu können und dabei nicht unterzugehen, ist achtsame Selbstführung wichtig. Achtsamkeit ist ohnehin viel mehr als eine Modeerscheinung, auch wenn das Wort seit ein paar Jahren in aller Munde ist. Aber was ist mit Achtsamkeit überhaupt gemeint?

Achtsamkeit bedeutet im Hier und Jetzt zu sein und jeden Moment bewusst zu erleben, dadurch wahrzunehmen was gerade ist, ohne zu werten oder zu kritisieren, und uns selbst und anderen mit einer freundlichen und liebevollen Haltung zu begegnen. In unserer überreizten, komplexen und schnelllebigen Welt ist es gar nicht so einfach, achtsam zu sein. Wir sind ständig erreichbar, werden mit Nachrichten überflutet und machen tausend Dinge gleichzeitig. Obwohl es für unser Glücksempfinden entscheidend ist, wie aufmerksam wir bei einer Sache sind, lassen wir uns ständig ablenken und kommen dadurch nicht in den Flow, können nicht restlos in unserer Tätigkeit aufgehen. Genau dieses Flow-Gefühl brauchen wir aber, um voll und ganz in einer Aufgabe aufzugehen und Freude zu empfinden, bei dem, was wir tun. Oft sind wir nur noch im Reaktionsmodus und handeln ganz automatisch und deshalb oft unüberlegt (Abbildung 4). Das kennt vermutlich jede*r von uns. Doch zwischen einem Reiz und unserer Reaktion liegt, frei nach Viktor Frankl, ein kurzer Augenblick, in dem wir die Wahl haben, zu entscheiden, wie wir reagieren möchten.[68] Wenn wir, wie in Abbildung 4 dargestellt, unser Bewusstsein so trainieren, dass wir diesen leeren Raum der Wahlfreiheit wirklich wahrnehmen, ist das der erste Schritt zur Besserung. An diesem Punkt können wir uns entscheiden, wie wir handeln, und unsere Reaktion bewusst wählen.

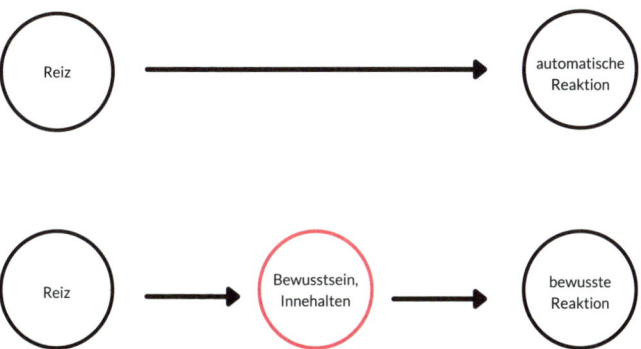

Abbildung 4: Reiz-Reaktions-Schema

Das Bewusstsein und Innehalten wird uns auch im nächsten Kapitel noch begegnen, in dem es darum geht, sein Mindset auf Erfolg auszurichten und sich von längst überfälligen Glaubenssätzen und Denkmustern zu befreien. Dazu müssen wir unser Denken, unsere Gewohnheiten und Verhaltensweisen immer wieder hinterfragen und bei Bedarf anpassen. Wie bei einer Software bedarf es regelmäßig eines Updates. Wir müssen ab und an überprüfen, ob unser Mindset noch zeitgemäß ist, oder unser Denken, wie es Petra Bock in ihrem Buch »Der entstörte Mensch« geschrieben hat, möglicherweise aus der Zeit gefallen ist.[69]

ⓘ Die Skills der Zukunft auf einen Blick:
- *Veränderungsbereitschaft:* Bleib flexibel und lerne, dich Veränderungen schnellstmöglich anzupassen.
- *Lebenslanges Lernen:* Entwickle einen Wissensdurst und entdecke Freude am Lernen.
- *Digitalkompetenz:* Verliere die Scheu vor der Technik und freunde dich mit ihr an.
- *Empathie und emotionale Intelligenz (EQ):* Trainiere deine Fähigkeit, dich in andere Menschen hineinzuversetzen und die Perspektive zu wechseln.
- *Vorwärtsgewandtheit und Zukunftsorientierung:* Beobachte aktuelle Trends und blicke positiv in die Zukunft, statt immer nur zurückzuschauen.
- *Achtsamkeit und Resilienz:* Schule dein Bewusstsein und lerne, auf dich zu achten.

Das richtige Mindset ist entscheidend

»The greatest danger in times of turbulence is not the turbulence. It is to act with yesterday's logic«, hat der Ökonom und Managementexperte Peter Drucker gesagt.[70] Und es stimmt: Denn dass wir es zwar weit gebracht haben, aber aktuell an einem Punkt stehen, an dem wir nur noch mühsam weiterkommen, ist unserem veralteten Denken geschuldet.

Es ist vergleichbar mit einem alten Navigations-gerät, dessen Software schon eine Weile nicht mehr aktualisiert wurde. Ein paar Straßen sind inzwischen zu Einbahnstraßen oder Sackgassen geworden, neue Autobahnen und Schnellstraßen sind entstanden, aber unser Navi zeigt das nicht an. Wir kommen mit seiner Hilfe zwar immer noch irgendwann an, aber der Weg zu unserem Ziel fällt uns schwerer und ist nervenauf-reibend.

So ähnlich verhält es sich auch mit unseren Gedan-ken und unserem Mindset. Gedankengänge, die früher einmal Sinn ergeben und uns weitergebracht haben, führen heute zu nichts. Wir halten an Altem fest, wo es besser wäre, mutig zu neuen Ufern aufzubrechen.

Das Fatale daran: Mitunter merken wir nicht einmal, wie sehr wir uns mit unserem eigenen Denken eigent-lich schaden und selbst im Weg stehen. Nicht allein, aber vor allem auch im Job. Wie sich das konkret aus-wirkt, erlebe ich tagtäglich in der Arbeit mit meinen Klient*innen. Das sind alles großartige Menschen mit einem besonderen Talent, die mitten im Leben stehen und doch für den Moment nicht vorwärtskommen und feststecken. Entweder weil sie völlig orientierungslos sind, in welche Richtung es gehen soll, oder aber sich nicht trauen, ihre Idee endlich in die Tat umzusetzen. Sie zweifeln an sich selbst und haben das Gefühl, nicht gut genug zu sein. Ihre Stärken und das, was sie täglich im Job leisten, können sie nicht anerkennen. »Ach, das ist doch nichts Besonderes«, heißt es dann. Oder aber es wird Zielen von anderen hinterhergejagt, um etwa die Erwartungen der Eltern zu erfüllen, obwohl man mehr als deutlich spürt, dass einem diese Ziele selbst nicht nur herzlichst egal sind, sondern sich das ganze

Leben auf dem Weg dahin einfach falsch anfühlt. Da ist die Anwaltstochter, die eines Tages in die Fußstapfen des Vaters treten soll und eigentlich viel lieber etwas mit Tieren machen möchte; oder der Sohn, der eines Tages das Familienunternehmen führen soll, obwohl er lieber Sport studieren möchte. Solche Beispiele gibt es viele. Die eigenen Lebenspläne werden so lange hintangestellt, bis der Körper einem deutlich die Grenzen aufzeigt und man mit jeder Faser spürt, dass es so nicht weitergeht – und man es trotzdem nicht wahrhaben möchte. Die innere Haltung ist geprägt von mentalen Blockaden, mit denen man sich selbst davon abhält, das Leben zu führen, das man eigentlich führen möchte, und auch könnte.

Du ahnst wahrscheinlich schon, dass man mit einem solchen Mindset nicht weit kommt. Die Gedanken drehen sich pausenlos im Kreis auf der Suche nach einem Ausweg. Aber der Verstand findet fortlaufend Gründe, warum es jetzt eben keine gute Idee ist, sich neu zu orientieren. Wir können durchaus erfinderisch sein mit unseren Ausreden. Egal ob es darum geht, heute nicht zum Sport zu müssen, oder darum, warum wir unseren Job nicht kündigen können. Mal ehrlich: Wir alle kennen doch solche Stimmen in uns und wissen, wie abstrus die eigenen Gedanken manchmal sind. An Kreativität mangelt es uns hierbei meistens nicht.

Meine Ausbilderin und Bestsellerautorin Petra Bock spricht in diesem Zusammenhang von einer Parallelwelt in unserem Kopf, in der wir uns mit Mindfucks, also mit hinderlichen Gedankenmustern wie den obigen, das Leben selbst schwer machen.[71] Sie führen dazu, dass wir uns unnötig unter Druck setzen, uns immer wieder mit den gleichen Ängsten und Selbstzweifeln herumplagen und uns viel zu wenig zutrauen. Diese Mindfucks bewirken, dass wir weit unter unseren Möglichkeiten bleiben, wenn sie unentdeckt bleiben. Denn sie halten uns davon ab, uns auf unseren Traumjob zu bewerben oder den Bullshit-Job zu kündigen, auf den wir schon längst keine Lust mehr haben, obwohl wir realistisch betrachtet alle Voraussetzungen für genau das in uns hätten. Aber das alte Denken schränkt uns maßgeblich ein. Es ist, wie Abbildung 5 zeigt, geprägt von Gegensätzen. Wir denken in gut oder schlecht, richtig oder falsch. Wir versuchen, alles zu kategorisieren, und schließen den Mittelweg dabei kategorisch aus. Zudem ist dieses Denken gezeichnet von falschem Ehrgeiz, Perfektionismus, Angst, Druck und selbst gemachtem Stress. Außerdem fürchten wir uns davor, Fehler zu machen. Dieses Denken kommt nicht von ungefähr, haben wir in der Schule doch schon frühzeitig gelernt, dass es gilt, Fehler tunlichst zu vermeiden, sonst drohte der Rotstift und mit ihm eine schlechte Note.

Das alte Denken verläuft außerdem linear. Wir stellen uns die Zukunft so wie die Vergangenheit vor. Wir denken kausal in Wenn-dann-Konstellationen und glauben, wenn wir erst einmal die Gehaltserhöhung bekommen, dann stellt sich bei uns auch das Glücksgefühl ein. Dieses gnadenlose Entweder-oder-Denken suggeriert uns, uns entscheiden zu müssen: Entweder ich verdiene viel Geld oder ich habe Spaß bei meiner Arbeit. Entweder ich bleibe im Job oder ich lande unter der Brücke. Entweder-oder statt Sowohl-als-auch: In diesem Zustand ist unser Denken eingeengt, wir haben einen Tunnelblick. Wir sehen mehr Probleme als Lösungen und es fällt uns schwer, gute Entscheidungen zu treffen. Alle diese tollen Möglichkeiten, die es durchaus gibt, liegen nicht in unserem Blickfeld (siehe Abbildung 5).

Abbildung 5: Altes Denken vs. neues Denken

In dem alten Denken gehen wir eine Reihe fauler Kompromisse ein. Wir können uns zwar generell ein besseres Leben vorstellen, aber nicht, dass es für uns persönlich möglich ist. »Vergiss es, ich habe eh keine Chance!«, »Ich kann doch gar nichts anderes!« oder »Jetzt noch einmal von vorne anfangen? Der Zug ist abgefahren!« bis hin zu »Das Leben ist halt kein Ponyhof!« – Sätze wie diese kennen wir alle, aber wir unterscheiden uns darin, welche Gewichtung wir diesen Sätzen geben.

Unsere Gedanken beeinflussen unsere Gefühle, und diese steuern wiederum unser Verhalten und damit die Entscheidungen, die wir treffen, die wiederum

Folgen für unser Leben haben (Ergebnisse, siehe Abbildung 6).

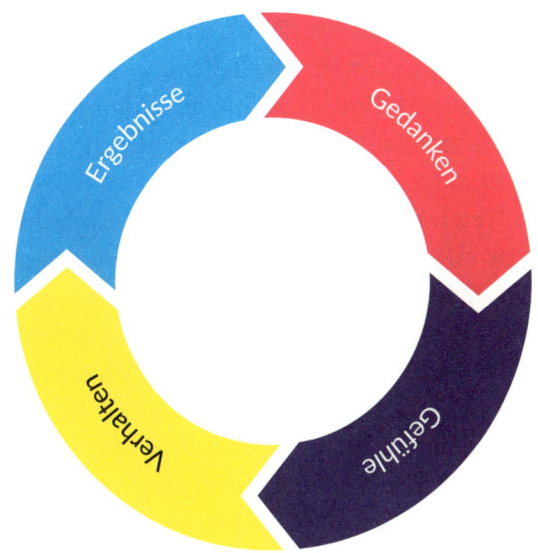

Abbildung 6: Gedankenkreislauf

Stell dir vor, du bist zu einem Vorstellungsgespräch eingeladen. Auf dem Weg dorthin geht dir durch den Kopf, dass du für den Job nicht gut genug bist und was du dir eigentlich dabei gedacht hast, dich für die Stelle zu bewerben. Was meinst du, mit welchem Gefühl du in das Gespräch gehst? Vermutlich nicht mit einem besonders guten. Viel wahrscheinlicher ist es, dass du dich unsicher fühlst und angespannt bist. Das wirkt sich auch auf dein Auftreten aus. Mit diesen Gedanken im Hinterkopf wirst du wenig souverän wirken und man wird dir deine Unsicherheit vermutlich anmerken. Das wiederum kann tatsächlich dazu führen, dass du nicht die beste Leistung in dem Gespräch ablieferst und dir dein Gegenüber die Position nicht zutraut. Und was passiert, wenn du jetzt eine Absage bekommst? Klar, deine Gedanken fühlen sich bestätigt und werden verstärkt. Beim nächsten Bewerbungsgespräch denkst du erst recht, dass du für die Stelle nicht gut genug bist. Ein Teufelskreis. Und so bleibst du in deinem verhassten Job hängen, anstatt dich mutig in neue Gewässer vorzuwagen.

Die Tendenz, an Altem festzuhalten, haben wir übrigens alle. In der Wirtschaftspsychologie gibt es einen Namen dafür: Sunk Cost Fallacy (Versunkene-Kosten-Falle).[72] Damit wird der Fall beschrieben, dass wir an einem Projekt umso länger festhalten, umso mehr Energie wir schon hineingesteckt haben und was nicht mehr rückgängig gemacht werden kann. Ein klassisches Beispiel ist ein Unternehmen, das viel Zeit und Geld in die Entwicklung eines Produktes investiert hat, das beim Launch nicht den erwarteten Umsatz bringt. Anstatt zu akzeptieren, dass es scheinbar keinen Bedarf am Markt gibt und dass dies im Vorfeld nicht erkannt wurde, versucht das Unternehmen das Produkt, das niemand braucht, besser zu machen und weiterzuentwickeln. Es möchte die Kosten, die es in das Produkt bereits investiert hat, nicht verloren wissen und nimmt dafür weitere Kosten in Kauf.

Genauso verhalten wir uns auch manchmal im Berufsleben, wenn wir an einem Job festhalten, von dem wir wissen, dass er uns nicht erfüllt. Aber wir haben ja schließlich ein paar Jahre in unser Studium investiert und uns danach im Job hochgearbeitet. Das wäre ja alles umsonst gewesen, sollten wir jetzt noch einmal bei null anfangen, so der Irrglaube.

Was fehlt, ist eine erwachsene, reife Haltung, mit der wir Probleme als das betrachten, was sie in der Regel sind: nämlich lösbar. Genau deshalb benötigen wir einen Paradigmenwechsel zu einem neuen, modernen Denken. Wir dürfen uns erlauben, auszubrechen, freier zu denken, mutiger und kreativer zu werden, nicht einem roten Faden hinterherzurennen, der uns gar nicht dorthin führt, wo wir eigentlich hinwollen, sondern unser Potenzial dort einzusetzen, wo wir wirklich einen Unterschied machen möchten.

Führt dich der rote Faden bereits dorthin, wo du hinmöchtest? Falls ja, verfolge ihn weiter. Falls nicht, schneide den Faden ab und erschaffe dir einen neuen, bunten Faden, der all deinen Facetten gerecht wird und der vor allem deine Stärken und Talente in den Vordergrund stellt.

Wir sehen die Welt immer so, wie wir sie sehen wollen. Denn grundsätzlich haben wir es selbst in der Hand, was wir denken und wie wir mit diesen Gedanken umgehen. Manchmal kommt es uns aber so vor, als ob wir eben keine Wahl hätten. Probleme erscheinen uns größer, als sie in Wirklichkeit sind. Alles wirkt aussichtslos und schwierig. Wir fühlen uns überfordert, klein und hilflos. Die gute Nachricht ist: Du kannst deine Gedanken ändern und somit auch beeinflussen, wie du dich fühlst. Daran anschließend wird sich dein Verhalten ganz automatisch deinem veränderten Denken anpassen und dich auf die Erfolgsspur setzen, die dir wichtig ist. Machen wir von nun an Schluss mit Zukunftsängsten, Katastrophendenken, ständigen Selbstzweifeln und Selbstsabotage.

Das, was sich zu schön, um wahr zu sein, anhört, ist tatsächlich möglich. Dafür müssen wir unser Bewusstsein steigern und unsere Gedanken immer wieder kritisch hinterfragen. Außerdem müssen wir uns selbst regelmäßig herausfordern und unsere Komfortzone verlassen. Es ist deshalb wichtig, zu verstehen, dass diese Gedanken nicht die Realität abbilden und sie uns nicht weiterbringen. Um das nächste Level an Lebensqualität zu erreichen, müssen wir unserem Denken ein längst überfälliges Update verpassen.

Also, gehörst du zu den Schwarzmaler*innen, die den Abwärtstrend befürchten, eine Welt, die konstant schlechter wird? Oder malst du dir eine rosige Zukunft aus mit allen Chancen und Möglichkeiten, die nur denkbar sind? Du hast es in der Hand!

ⓘ So gelingt dir der Mindset-Shift zum neuen Denken:

- Trainiere dein Bewusstsein: Achtsamkeit kann dir dabei helfen, deine Wahrnehmung zu schulen. Eine einfache Übung im Alltag: Halte ab und an für einen kurzen Augenblick inne, nimm einen tiefen Atemzug und beobachte deine Gedanken.
- Du hast einen Traum und gehst ihn schon längere Zeit nicht an? Notiere dir alle Gedanken, die dich daran hindern, loszugehen, und stelle dir zu diesen nach der The-Work-Methode von Byron Katie die folgenden vier Fragen:[73]
  - Ist das wahr?
  - Kannst du mit absoluter Sicherheit wissen, dass das wahr ist?
  - Was passiert, wenn du diesen Gedanken glaubst?
  - Wer wärst du ohne diesen Gedanken?

- Nimm dich und deine Träume ernst!
- Übe immer wieder, deine Komfortzone zu verlassen – in kleinen Schritten.
- Wenn du etwas Neues tust, habe Freude an der Erfahrung, vertraue und bleibe neugierig!

Fazit: So stellst du dich zukunftsfähig auf!

In diesem Kapitel haben wir gesehen, wie wichtig es ist, sich weiterzuentwickeln und am Puls der Zeit zu sein. Es werden meist diejenigen belohnt, die mutig voran- und mit der Zeit gehen. Eine abwartende, zögerliche Haltung ist heute nicht mehr gefragt. Die Zeiten des Aussitzens, in denen einzig und allein das umgesetzt werden musste, was oben entschieden wurde, sind zum Glück vorbei. Das birgt großartige Chancen für uns: Wir dürfen uns selbst einbringen und das eigene Leben selbstbestimmt gestalten. Dazu bedarf es des Hinterfragens alter Denkmuster hin zu einem völlig neuen Denken. Außerdem sind in Zukunft andere Skills gefragt als heute, weshalb lebenslanges Lernen selbstverständlich wird und du laufend dazulernen darfst. Je qualifizierter du bist, umso besser. Geringer Qualifizierte werden in Zukunft das Nachsehen haben. Aus diesem Grund bist du jetzt gefragt, dich für den zukünftigen Arbeitsmarkt zu wappnen und dich so aufzustellen, dass du nicht zu den Verlierer*innen der Veränderungen gehörst.

Ein mindfuckfreies Mindset gepaart mit der Neugier aufs Leben und den Chancen und Möglichkeiten, die es uns bietet, ist der Schlüssel zu einem erfüllten Leben. Wenn du zusätzlich weißt, wofür du tust, was du tust, und dein Warum kennst, ist ein Job, der dich mit Sinnerleben erfüllt, zum Greifen nah. Und nicht nur das: Es ist das Rezept für die zukünftige Sicherheit auf dem Arbeitsmarkt, die du nicht länger in Form eines unbefristeten Arbeitsvertrages suchen musst. Wir sehen tagtäglich, wie rasant sich die Welt verändert und mit ihr die Unternehmen und Jobs. Ein unbefristeter Arbeitsvertrag ist deshalb schon lange kein Garant mehr für ewige Beschäftigungssicherheit. Die eigentliche Sicherheit erlangst du dadurch, dass du deine Stärken und Talente immer weiter ausbaust, dein Potenzial entfaltest und attraktiv für potenzielle Arbeit- und Auftraggeber bleibst.

***

In der TV-Sendung »First Dates« antwortete ein Mann auf die Frage seiner Date-Partnerin, was eine Frau aus seiner Sicht für eine Beziehung mitbringen müsse: »Sie muss gut im Haushalt sein und kochen können!« Der Mann war 45 Jahre alt und hatte noch nie eine Beziehung. Wen wundert's. Auch bei diesem Date hat er sich selbst ins Aus geschossen. Dieser eine Satz hat mehr über ihn und seine Einstellung und Denkweisen verraten, als er geahnt hat. Sein Denken ist aus der Zeit gefallen, in diesem Punkt werden sich viele von uns einig sein, weshalb die Mehrheit darin ein einleuchtendes Beispiel für überkommenes Denken erkennt und verstehen wird, dass man es sich damit bei einem ersten Date verscherzt. Aber wie ist es im Job? Verstehen wir dort alle Entwicklungen? Erkennen wir frühzeitig, wenn wir nicht nur unser Denken, sondern auch unsere Qualifikationen und unser Berufsbild anpassen müssen?

Falls nicht, ist die Gefahr groß, dass der Kodak-Moment dich trifft und du den Zeitpunkt verpasst, an dem es wichtig und richtig ist, neue Wege zu beschreiten. Du kannst dich sicherlich noch an Kodak erinnern. Das Unternehmen war jahrzehntelang weltweit als Marktführer von Filmmaterial bekannt, verpasste aber unter dem Vormarsch der digitalen Fotografie den technologischen Anschluss, sodass Kodak 2017 letztlich Insolvenz anmelden musste.[74] Deshalb: Trau dich, neue Wege einzuschlagen und dich neu zu erfinden, sobald du entweder nicht mehr zufrieden bist oder aber der Markt es von dir verlangt.

Schau dabei nicht länger mit Angst auf die kommenden Veränderungen. Angst war schon immer ein schlechter Ratgeber und wird es auch zukünftig sein. Lass uns lieber mit Neugierde in die Zukunft blicken und die Chancen in ihr erkennen. Dabei dürfen wir selbstverständlich auch Fehler machen und es ist kein Drama, wenn wir auch mal wieder zurückgeworfen werden. Das ist ja das Gute an Selbstreflexion: Ein Schritt in die falsche Richtung wird rechtzeitig bemerkt und der Kurs kann direkt korrigiert werden.

Eines Nachmittags an einem nasskalten grauen Tag, als ich an diesen Zeilen sitze, erreicht mich ein Newsletter aus unserem Kölner Veedel. Ich werde darüber informiert, dass geplant ist, in unserer Straße Wanderbäume aufzustellen, und man die dafür gekennzeichneten Parkflächen bitte freihalten soll. Genervt rolle ich mit den Augen. Mein erster Gedanke: Ja klar, jetzt auch noch einen Baum aufstellen, obwohl die Parkplatzsituation hier eh schon mehr als bescheiden ist. Es dauert nicht länger als ein bis zwei Sekunden, da beginne ich zu schmunzeln. Ich ertappe mich dabei, gerade noch Zeilen für mehr Nachhaltigkeit geschrieben und dafür plädiert zu haben, manchmal eben auch persönlich Abstriche machen zu müssen, um mich kurz danach über neue Bäume aufzuregen. Hoppla, da bin ich selbst mal wieder in die Falle getappt. Grundsätzlich finde ich Bäume ja gut, aber doch nicht, wenn ich dafür auf meinen Parkplatz verzichten muss ... Ja ja, das liebe Ego.

Obwohl es ein banales Beispiel ist, zeigt es, dass es stetige Selbstreflexion braucht und nicht alles auf einmal geht. Aber solange wir motiviert antreten, geht doch häufig mehr, als wir denken. Ohne diese Eigenmotivation läuft nichts. Wir müssen verstehen, dass wir Teil des Problems sind und sich im Außen nichts ändern wird, solange wir uns nicht ändern. Wir sind Teil des Problems, aber auch Teil der Lösung.

Im nächsten Kapitel erfährst du, wie du persönlich zu dieser Lösung beitragen und dein Potenzial dafür nutzen kannst, um für uns alle einen sinnstiftenden Mehrwert zu bieten. Denn das ist schließlich die einzig wahre Aufgabe für deine Talente.

ℹ️ So stellst du dich zukunftsfähig auf:
1. Erkenne deine Stärken und baue diese radikal weiter aus.
2. Eigne dir die Skills der Zukunft an.
3. Arbeite an deinem Mindset.
4. Und nicht zuletzt: Suche dir einen sinnvollen Job! (Wie dir das gelingt, erfährst du im nächsten Kapitel.)

KAPITEL FÜNF

WIE DU EINEN JOB FINDEST, DER FÜR DICH SINNVOLL IST

In diesem Kapitel geht es um dich und deine berufliche Neuorientierung. Die zentrale Frage lautet: Wie findest du einen Job, der dich auf der einen Seite voll und ganz erfüllt und mit dem du auf der anderen Seite die Welt für uns alle besser machst?

Vermutlich kannst du dir im Augenblick nicht vorstellen, wie das beides zusammenkommen kann. Möglicherweise hast du überhaupt keine Ahnung, was du beruflich machen willst, oder aber du hast viel zu viele Ideen und kannst dich einfach nicht für eine entscheiden. Vielleicht zweifelst du auch, ob du überhaupt etwas anderes kannst als das Bisherige und ob sich mit dem, was du eigentlich machen möchtest, generell Geld verdienen lässt. Insbesondere dann, wenn du gerade selbst wenig Sinn in dem siehst, was du aktuell tust, wirst du wahrscheinlich eher skeptisch sein, wie dir eine Neuorientierung gelingen soll.

Ein großes Problem bei Bullshit-Jobs ist ohnehin, dass sie an unserem Selbstbewusstsein nagen. Sobald wir unzufrieden im Job sind und uns nicht wohlfühlen, trauen wir uns selbst auch weniger zu. Langfristig ist das ein echtes Dilemma: Umso unglücklicher wir im Job sind, desto seltener sehen wir bei uns Fähigkeiten, etwas anderes zu machen und desto unsicherer werden wir. Das hat auch Auswirkungen auf deine aktuelle Stelle: Die Gefahr ist nämlich groß, dass du so früher oder später als ein sogenannter Low Performer abgestempelt wirst. Das bedeutet, dass du innerbetrieblich sozusagen aufs Abstellgleis geschoben wirst und von diesem Gleis so schnell auch nicht mehr runterkommst. Das ist etwas, was ich selbst erlebt habe. Irgendwann bin ich in einem Job gelandet, in dem alle meine Stärken überhaupt nicht zum Tragen kamen und ich stattdessen nur mit Aufgaben betraut war, die mir überhaupt nicht lagen. Dazu kamen ein starker Zeitdruck und eine unglaublich hohe Auslastung. Daneben stimmten auch die Rahmenbedingungen nicht: feste Arbeitszeiten, wenig Flexibilität und eine schlechte Stimmung im Team. So kam es, wie es kommen musste: Meine Motivation und Zufriedenheit sanken genauso in den Keller wie meine Leistung. Obwohl ich inhaltlich unterfordert war, machte ich einen Fehler nach dem anderen. Von außen sah es sicherlich so aus, als ob ich nicht die hellste Kerze auf der Torte war, dabei war ich einfach bloß im falschen Biotop.

Für mich persönlich gibt es deshalb übrigens gar keine Low Performer. Für mich hat jede*r von uns einzigartige Stärken und besondere Talente, die ihn oder sie zu etwas Besonderem machen. Ob wir also High oder Low Performer sind, hängt allein davon ab, wie gut der Job und seine Rahmenbedingungen zu uns passen und inwieweit er es uns ermöglicht, unsere Stärken und Talente auszuleben. Wenn unser Job nicht zu uns passt, kann das unser Selbstbewusstsein auf Dauer ziemlich runterziehen.

Deshalb möchte ich dir direkt zu Anfang dieses Kapitels Folgendes mit auf den Weg geben: Du bist nicht dein Beruf! Obgleich wir uns in unserer Kultur sehr stark über ihn definieren. Wenn wir etwa gefragt werden, was wir machen, sagen wir schließlich nicht »Ich arbeite als Unternehmensberaterin«, sondern in der Regel »Ich *bin* Unternehmensberaterin«. Hast du in so einer Situation zu diesem Zeitpunkt aber keinen Job oder kannst dich mit diesem nicht identifizieren, wer bist du dann? Was antwortest du auf die berühmt-berüchtigte Frage auf der Party: »Und du, was machst du so?« Aus der Arbeit mit meinen vielen Klient*innen weiß ich, dass viele vor dieser Frage zurückscheuen, weil sie sich von ihr unter Druck gesetzt fühlen. Objektiv betrachtet ist das vollkommen unnötig. Um sich das vor Augen zu führen, hilft das Beispiel mit dem Geldschein. Ein Fünfzigeuroschein ist immer genau fünfzig Euro wert, egal ob er in einem teuren Designerportemonnaie aufbewahrt wird oder achtlos zerknüllt in einer Hosentasche, ob er zerknittert ist oder ganz neu im Umlauf. Der Wert ist immer derselbe. Und so ist es mit dir auch. Egal ob du in einem Bullshit-Job arbeitest oder etwas für dich und die Allgemeinheit Sinnvolles tust: Du bist immer wertvoll. Aber so wie sich der Fünfzigeuroschein in einem schönen Portemonnaie hochwertiger anfühlt als in der Hosentasche, kannst auch du dein eigenes Selbstwertgefühl beeinflussen. Du wirst dich selbst besser fühlen, wenn du einen Beitrag leistest und etwas für viele Menschen Sinnvolles tust. Deshalb solltest du dich nicht nur für diejenigen verändern, die von deinem Potenzial profitieren können, sondern vor allem für dich selbst. Du solltest es dir selbst wert sein, den tollsten Job mit den für dich besten Rahmenbedingungen zu finden, um in beruflicher Hinsicht zufrieden und erfüllt zu sein. Ganz nebenbei steigerst du damit auch deine Attraktivität für den Arbeitsmarkt. Denn sobald du etwas gefunden hast, was dir Freude bereitet, Sinn stiftet und mit deinen Talenten matcht, bist du automatisch gut in dem, was du tust, und noch dazu wissbegierig. Idealerweise möchtest du alles zu deinem Aufgabengebiet erfahren und bildest dich deshalb gern weiter. Nicht, weil du es musst, sondern weil es dir einfach Spaß macht.

Als Wirtschaftspsychologin hat es mich seit jeher interessiert, was Menschen in der Arbeitswelt antreibt

und motiviert. Vor allem hat mich in meinem Berufsleben die Frage umgetrieben, warum manche Personen nicht lange fackeln, wenn sie unzufrieden sind und
ihr Leben umkrempeln und wiederum andere einfach
nicht in die Puschen kommen, obwohl sie sich innerlich so dringend eine Veränderung wünschen.

Die Antwort auf diese Frage findet sich im Bereich
der Motivationspsychologie. Das Wort »Motivation«
stammt vom lateinischen Verb »movere« ab, das wiederum mit »bewegen« übersetzt werden kann. Motivation ist also schlichtweg das, was uns in Bewegung setzt,
etwas zu tun oder zu lassen. In der Motivationspsychologie gibt es dazu verschiedene Theorien. Manchmal
erhoffen wir uns eine Belohnung durch das, was wir
tun oder lassen, und manchmal möchten wir schlichtweg eine Bestrafung vermeiden. Am nachhaltigsten ist
immer das, was wir aus freien Stücken und ohne Hin-
tergedanken unternehmen und wofür wir von innen
heraus motiviert sind. Hier sprechen wir von intrin-
sischer Motivation, mit der wir eine Aufgabe um ihrer
selbst willen erledigen; wir können sie bei Kindern
sehr schön beobachten.[75] Zum Beispiel dann, wenn ein
Kind die Sandburg, die es vorher stundenlang im Sand
sitzend gebaut hat, in einem kurzen Prozess kaputt
macht. Hier zeigt sich, dass es dem Kind nie um die
fertige Sandburg, sondern um das Bauen an sich ging.

Wäre es nicht schön, mit genau dieser Haltung an
unsere Arbeit heranzugehen? Ja und nein, denn die
Freude wäre wohl nicht von Dauer. Ist es doch in den
meisten Fällen unser Ziel, etwas Nachhaltiges zu erschaffen und einen größeren Beitrag zu leisten. Ist unsere Arbeit regelrecht umsonst, kommt sie uns schließlich am Ende doch nur sinnlos vor. Trotzdem können

wir uns etwas von den Kindern abschauen. Es würde uns nämlich guttun, häufiger mal im Flow zu sein und alles um uns herum zu vergessen. Wie oft passiert dir das heute in deinem Job noch? Ist es nicht vielmehr so, dass du ständig unterbrochen wirst oder auf die Uhr schaust, wann du endlich heimgehen kannst?

Im Laufe meines Berufslebens habe ich viele Menschen getroffen, die innerlich gekündigt hatten, die die Tage bis zum nächsten Urlaub zählten und sich montags wünschten, es wäre schon Freitag. Das kann es doch nicht sein, dachte ich mir und wollte der Sache auf den Grund gehen. Vor allem wollte ich herausfinden, wie man Menschen bestmöglich dabei unterstützen kann, sich ein zufriedenes Berufsleben zu erschaffen, selbst in Fällen, wenn sie es sich selbst nicht zutrauen.

Während meiner Arbeit als Coach entwickelte ich eine Methode, mit der mir genau das gelang, und feilte immer weiter an ihr. Am Anfang sind meine Klient*innen oft noch zögerlich und manchmal sogar misstrauisch. Doch sobald sie sich auf den Prozess einlassen, kommen sie am Ende in der Regel einen großen Schritt weiter auf ihrem Weg zu einem für sie sinnvollen und sinnstiftenden Job, kurz: einem Job mit Sinn. Im Grunde genommen geht es auch gar nicht darum, anzukommen und fertig zu werden. Der Weg ist das Ziel und du wirst merken, wie viel Freude dir der Prozess bereiten kann, wenn du ihn erst einmal begonnen hast.

Es ist vergleichbar mit einer Reise. Die berufliche Neuorientierung ist der Roadtrip und nicht die Flugreise von A nach B. Nehmen wir an, dass wir irgendwo hinfliegen. Dann fahren wir zum Flughafen und wollen möglichst schnell an unserem Ziel ankommen. Wir freuen uns auf die Ankunft und sind genervt, falls der

Flieger Verspätung hat. Beim Roadtrip ist das anders. Das Abenteuer und der Urlaub fangen schon in dem Moment an, in dem wir unsere Wohnung verlassen und ins Auto oder in den Camper steigen. Wir genießen die Landschaft, lassen uns unterwegs treiben, halten mitunter an, um die Aussicht zu genießen. Wie weit wir am Ende des Tages gekommen sind, ist uns auf dem Roadtrip egal. Denn es geht nicht ums Ankommen, sondern ums Unterwegssein.

Bei der beruflichen Neuorientierung ist das meist anders: Wir haben den Wunsch, möglichst schnell fertig zu werden, und manch ein*e Klient*in offenbart mir, sich nur noch einmal mit dieser Thematik befassen zu wollen, um im Anschluss in diesem Punkt für den Rest des Berufslebens Ruhe zu haben. Der Wunsch ist, in eine Rakete zu steigen, die einen in rasanter Geschwindigkeit von dem einen zum anderen Job bringt. Das ist ein Gedanke, der ziemlich viel Druck aufbaut, denn wenn ich danach nicht mehr beruflich umsatteln darf oder möchte, dann muss ich jetzt auf jeden Fall die richtige Entscheidung treffen und darf mir keinen Irrtum erlauben. Ansonsten – so der Irrglaube – ist der Prozess für mich noch nicht abgeschlossen und ich muss eines Tages wieder von vorn anfangen und alles erneut auf den Prüfstand stellen. Unser Berufsleben verläuft allerdings nicht immer linear. Es ist ein Kreislauf und ein ständiges Hinterfragen, ob das, was ich tue, noch zu mir und meinem Leben und in die Zeit passt. Was wäre, wenn die Veränderung keinesfalls das notwendige Übel wäre, sondern genau das, worum es eigentlich im Leben geht? Um einen fließenden Prozess, in dem du wachsen und deinen Entdeckergeist einsetzen kannst.

Das Schöne an einem Roadtrip ist übrigens neben dem Weg auch die Planung. Anders als bei einer Pauschalreise, bei der du die Planung aus der Hand gibst, wird dir hier nicht alles vorgesetzt. Stattdessen musst du die Strecke und die Ausflüge selbst festlegen. Fühlt sich Fremdbestimmung in einem zweiwöchigen All-inclusive-Urlaub in der Sonne mal ganz entspannend an, ist sie im Alltag mit großer Sicherheit ein Garant, unglücklich zu sein. Leider leben meiner Erfahrung nach viel zu viele Menschen fremdbestimmt. Sie unterschreiben einen Arbeitsvertrag und erwarten, dass ihre Führungskraft oder die Personalabteilung sich um ihre Entwicklung kümmern. Aber wie gesagt: Dein Job ist keine Pauschalreise, sondern ein Roadtrip, den du selbst planen und steuern musst.

Falls du also aktuell unzufrieden mit deinem Job bist, hast du es in der Hand, deinen Kompass neu auszurichten. Wir alle haben schon mal den Zug verpasst oder eine falsche Abfahrt genommen. Aber wie bei einem Roadtrip kannst du ganz einfach umdrehen oder eine andere Route wählen. Dabei stellen wir häufig fest, dass der Umweg nicht sinnlos war. Vielleicht haben wir einen Stau umfahren oder durch eine Abkürzung Sprit gespart. Vielleicht haben wir auf dem Weg aber auch eine schöne Entdeckung gemacht oder wissen zumindest, welche Route wir künftig nicht mehr wählen würden. Was ich damit sagen möchte, ist, dass du dich nicht dafür verurteilen solltest, wo du jetzt gerade stehst, und nichts bereuen solltest. Schau lieber nach vorn und plane den Roadtrip deines Lebens!

***

Lesen ist für mich eine der schönsten Beschäftigungen dieser Welt. Und da du dieses Buch in den Händen hältst, nehme ich an, dass du auch gern liest. Aber so schön Lesen allein auch ist, es reicht nicht aus, solange es dich nicht in gedankliche Bewegung versetzt und keine neuen Gedanken anstößt. Deshalb findest du in diesem Kapitel am Ende von jedem Abschnitt Fragen, mit denen du in die erste Umsetzung kommst. Denn nur wenn du ins Tun kommst, kannst du an deiner Situation wirklich etwas ändern.

Also, bist du bereit, dich einzulassen und aktiv zu werden? Dann lass uns einen Blick darauf werfen, was du konkret tun musst, um herauszufinden, welcher Job wirklich zu dir passt. Doch davor schauen wir, worauf es bei der Berufswahl in einer multioptionalen Welt wirklich ankommt.

Berufswahl in einer multioptionalen Welt

Nach welchen Kriterien wählt man eigentlich einen Beruf aus, wenn scheinbar alles möglich ist? Eigentlich ein wahres Luxusproblem, das uns vor Augen führt, wie privilegiert wir doch sind. Aber obwohl es Luxus ist, die Wahl zu haben, ist es eben dennoch ein Problem. Wir sind aufgrund der schier endlosen Möglichkeiten oft schlichtweg überfordert. Wer die Wahl hat, hat die Qual, und für welche Tür entscheidet man sich, wenn sie einem alle offen stehen?

Im Wintersemester 2021/2022 gab es allein an den deutschen Hochschulen insgesamt 20.951 Studiengänge,[76] Tendenz steigend. Seit 2014 ist das Studienangebot um 17 % gestiegen. Die Zahl der Ausbildungsberufe nimmt hingegen ab. Von 434 in meinem Geburtsjahr 1983 auf heute 324 anerkannte Ausbildungsberufe.[77] Dazu gibt es eine bunte Palette an weiteren Möglichkeiten, die die Berufsauswahl nicht gerade erleichtert: duales Studium, Freiwilligendienst, Trainee-Programm, Praktikum, Volontariat, Selbstständigkeit, um nur einige Schlagworte zu nennen. So wie ich damals überfordert vor dem Weißbrotregal in den USA stand, geht es heute vielen bei der Berufswahl. Die schier endlosen Optionen machen es schwer, zu einer Entscheidung zu kommen. Wie im Labyrinth irrt man umher und sucht nach der einen richtigen Tür, die einem ein verheißungsvolles Berufsleben verspricht. Aus Angst, die falsche Tür zu nehmen, bleibt man im Flur stehen, zu gelähmt, um weiterzugehen. Und so steht man da, ratlos und gleichzeitig rastlos. Denn die Stimmen unseres Umfelds sind laut und eindrücklich: »Du musst dich langsam mal entscheiden und endlich wissen, was du willst. Mach doch erst mal was Vernünftiges – danach kannst du ja immer noch weitersehen.« Dazu kommt die eigene Unsicherheit, der*die innere Kritiker*in: »Kannst du das überhaupt? Bist du dafür gut genug? Kann man davon leben?« Die Stimmen hallen in uns nach und übertönen unsere Intuition. Irgendwann sind sie so laut, dass sie unser Bauchgefühl schachmatt setzen. Zu oft folgen wir der Vernunft sowie den projizierten Sorgen unserer Eltern und entscheiden uns für einen vermeintlich sicheren Job: das BWL- oder Jurastudium oder die Ausbildung in der Bank, um am Ende zu sagen: »Eigentlich habe ich die ganze Zeit gewusst, dass das nicht das Richtige für mich ist. Aber ich habe mich nicht getraut, auf mein Bauchgefühl zu hören.«

Im Rückblick scheint die Wahl des Berufs früher dagegen ziemlich einfach gewesen zu sein. Man hat eben das gemacht, was man kannte. War der Vater Schreiner, ist man in seine Fußstapfen getreten, um den Familienbetrieb eines Tages zu übernehmen. Hat der Onkel in einer Fabrik gearbeitet, wurde der Nachwuchs dort vorgestellt und schnell die Lehrstelle per Handschlag besiegelt. Es gibt auch ganze Lehramtsdynastien, in denen Generationen von Familienmitgliedern die Schule gewissermaßen nie verlassen haben. Mitunter wurde aus einer Protesthaltung heraus auch bewusst ein anderer Weg als der elterliche eingeschlagen. Aber festzuhalten ist, dass den Menschen früher weniger Optionen zur Verfügung standen und es viel schwieriger war, von diesen überhaupt zu erfahren. Ob das die Menschen immer glücklicher gemacht hat, ist natürlich fraglich und steht auf einem anderen Blatt.

Nach wie vor haben Eltern auf die Berufswahl ihrer Kinder einen starken Einfluss und setzen diese mit ihren Erwartungen unter Druck, ob ausgesprochen oder unausgesprochen – Kinder wissen ja im Grunde, was ihre Eltern stolz macht. Auch hier spielen Glaubenssätze und das Mindset eine große Rolle. Angefangen von Aussagen à la »Mein Kind soll es einmal besser haben als ich« über eher subtile Botschaften wie »Wer nichts wird, wird Wirt« bis hin zu einer unmissverständlichen kommunizierten Erwartungshaltung, dass man später mal den Familienbetrieb übernehmen soll – die Meinung unserer Eltern ist uns in der Regel nicht egal und beeinflusst unsere Berufswahl genauso wie die Verhältnisse, in denen wir aufgewachsen sind. Kommt man z. B. aus einem wohlhabenden Elternhaus und ist an ein finanziell sorgloses Leben gewöhnt, verschafft einem das dicke Bankkonto der Familie ein Gefühl der Sicherheit und man agiert unter Umständen einige Zeit freier in seinen Entscheidungen. Der Druck, nach dem Schulabschluss schnell eigenes Geld zu verdienen, ist dann häufig ein anderer als bei jungen Menschen, die eher aus prekären Verhältnissen stammen. Kinder aus reichen Familien leiden eher unter dem Druck, einen Beruf wählen zu müssen, der es ihnen zukünftig ermöglicht, den gleichen Lebensstandard wie die Eltern zu führen, denn so sind die gesellschaftlichen, elterlichen und meistens auch die eigenen Erwartungen an sie. Sich lediglich eine Wohnung in einer Mietskaserne leisten zu können, obwohl man in einer Stadtvilla aufgewachsen ist, gilt in solchen Fällen oftmals allgemein schon als Scheitern. Kommt man hingegen aus einer Arbeiterfamilie und ist das erste Familienmitglied, das studieren möchte, erntet man entweder Stolz oder unter Umständen auch Spott, ob man jetzt etwas Besseres sei, und erfährt dadurch natürlich auch weniger Unterstützung. Die Lebensrealität, in der wir aufwachsen, formt uns und beeinflusst unsere berufliche Laufbahn. Wirklich frei sind wir gedanklich also anfangs nie.

Deshalb können unsere Eltern, obwohl sie uns in der Regel gut kennen, uns bei der Frage der Berufswahl auch meist nicht gut beraten. Nicht nur, weil sie ihre eigenen Vorstellungen für das Wohl ihrer Kinder im Kopf haben, ihnen fehlt auch oft der Überblick über den Markt und die Zukunftstrends. Das meine ich gar nicht despektierlich, das geht uns schließlich allen so. Der Markt ist inzwischen so schnelllebig, dass es noch gar keine Berufsausbildungen für die neuen und zukünftigen Berufe gibt. Als ich aus Neugier »Neue

Ausbildungsberufe« in die Suchmaske von Google eingebe, stoße ich auf Jobbezeichnungen, von denen ich noch nie gehört habe und unter denen ich mir nichts vorstellen kann. Und das ist genau das Problem: Uns fehlt manchmal schlichtweg die Vorstellung davon, welche neuen Berufe es gibt und wie wir diese Berufe erlernen können. Früher war das anders. Angenommen, ich hätte vor dreißig Jahren das Tischlerhandwerk erlernen wollen, dann hätte ich eben eine Tischlerlehre machen müssen. Hätte ich Arzt oder Ärztin werden wollen, wäre mein Weg das Medizinstudium gewesen. Aber welche Ausbildung absolviere ich, wenn heute mein Ziel ist, Influencer*in zu werden? Im Prinzip keine, es gibt schließlich schon Schüler*innen, die mit ihrem Influencer-Dasein mehr Geld verdienen als ihre Eltern jemals in ihrem Hauptjob. Und als Content-Manager*in? Keine Ahnung, wahrscheinlich irgendwas mit Medien. Diese zunehmende Intransparenz auf dem Aus- und Weiterbildungsmarkt hat zur Folge, dass sich nach dem Schulabschluss viele bei der Berufswahl einfach noch immer an die alten Kriterien von früher halten. Da ist es wieder, ein uns schon bekanntes Muster: alte Kriterien in einer neuen Welt. Das passt nicht. Aber woran können wir uns sonst orientieren?

Fest steht: 1) Mit den herkömmlichen Kriterien der Berufswahl kommen wir heute nicht mehr weiter. 2) Nichts ist mehr sicher. Nehmen wir z. B. die Gastronomie: Auf den ersten Blick ein krisenfester Job, denn gegessen wird schließlich immer und überall auf der Welt, dachte man. Dann kam die Pandemie und mit ihr der Lockdown, in dem alle Restaurants und Gaststätten schließen mussten. Ein zweites Beispiel: Gestorben wird auch immer, aber sogar in der Bestattungsbranche haben bis heute anwachsende Trends wie Einäscherung, anonyme Beisetzung etc. vieles verändert. Im Übrigen sind andere Wirtschaftszweige und höher qualifizierte Arbeitnehmer*innen ebenfalls nicht vor Krisen und Veränderungen gefeit. In der Finanzkrise 2008 verloren viele Banker*innen an der Wall Street ihren Job und auch Sandra Navidi, die als deutsche Juristin und Finanzexpertin in New York lebt, schreibt in ihrem Buch »Das Future-Proof-Mindset« davon, dass es in Manhattan inzwischen viele sehr gut ausgebildete arbeitslose Fachkräfte aus dem Bankensektor gibt, also Menschen, die eine angesehene Position in einem erfolgreichen Unternehmen hatten und es von außen betrachtet beruflich »geschafft hatten«.[78] Man kann sich also nie sicher sein, egal in welcher Branche man auf welchem Level arbeitet, dass dies immer so bleiben wird. Warum sollten wir also in einer Welt, in der nichts mehr sicher ist, ausgerechnet bei der Wahl unseres Jobs, bei dem wir so viel Zeit verbringen, auf diese scheinbare Sicherheit setzen? Das ergibt keinen Sinn.

Nach Ausbildungsende oder Studienabschluss wartet der erste Job auf uns. Auch wenn die Tätigkeit uns noch so sehr anödet, wäre es dumm, den Job abzulehnen. Denn der Berufseinstieg gehört zu den schwierigsten Phasen eines Berufslebens, so wurde es uns kolportiert, und mit jedem Jahr Berufserfahrung erlangen wir schließlich mehr Sicherheit und erhöhen unsere Chancen auf dem Arbeitsmarkt. Also sagen wir bei der Stelle zu und hängen uns rein. Die erste Beförderung oder Gehaltserhöhung lässt nicht lange auf sich warten, und schon sind wir drin – im goldenen Hamsterrad! Der Sänger Curse bringt es in einem seiner Songtexte treffend auf den Punkt »[D]as Hamsterrad ist fatal, doch wir konstruieren es, jeder für sich im Kopf, bringen ihm Opfergaben und kuratieren es und bauen es zum Riesenrad, bringen Lichter an und finden dann so schlimm kann's nicht sein, wenn es im Dunkeln scheint und blinken kann.«[79] Dass wir nicht happy sind, versuchen wir also zunächst zu verdrängen und reden uns den Job schön – so lange, bis es irgendwann nicht mehr geht und wir uns eingestehen müssen: Das ist es einfach nicht!

Und dann? Wie geht es mit dieser Erkenntnis weiter? Wie schaffen wir den Switch zu einem Job, der uns mit Sinnerleben erfüllt? Indem wir die Kriterien unserer Berufswahl neu definieren. Anstatt zu fragen, welcher Job sicher ist, muss die Frage lauten: Passt der Beruf zu meinen Stärken und Talenten? Das ist natürlich nicht neu, wird aber oft zu wenig konsequent gelebt. Und das wichtigste Kriterium: Ergibt der Job für mich einen Sinn? Mache ich die Welt mit dieser Arbeit besser?

Der Prozess, den für sich richtigen Job zu finden, also einen Job, der einen voll und ganz erfüllt, verläuft in der Regel ähnlich. Sowohl in der Arbeit mit meinen vielen Klient*innen als auch in den vielen Podcast-Interviews, die ich geführt habe, haben sich wiederholt dieselben Schritte hervorgetan. Nahezu alle Menschen, mit denen ich zu dem Thema gesprochen habe, haben die gleichen Phasen durchlaufen, auch wenn diese unterschiedlich lang andauern, durch verschiedene Höhen und Tiefen gekennzeichnet sind und jedem*jeder andere Impulse helfen, die eigene Berufung zu finden. Die Phasen sind immer gleich und gleichzeitig ist der Prozess höchst individuell. Denn wir können nicht wie damals in der Schule einfach zu unseren Sitznachbar*innen schauen und abschreiben, falls wir nicht weiterwissen. Jede*r hat sein*ihr eigenes Warum und was für den einen Menschen sinnvoll ist, ist es für den anderen noch lange nicht. Und doch versuchen wir genau das immer wieder: Wir schauen zu anderen und wollen das, was sie haben – ohne zu wissen, ob dieser Weg überhaupt zu uns passt.

Aber obwohl wir die Antwort in uns selbst finden müssen, sind wir bei der Suche nach einem uns erfüllenden Job nicht auf uns allein gestellt. Es gibt hervorragende Coaches und Leute in der Karriereberatung, die einen unterstützen können. Bei dem eigenen Umfeld gestaltet sich das meist eher schwierig, weil es dein Problem nicht erkennt: »Was willst du denn? Du hast doch einen sicheren Job!« Möglicherweise ist es auch nicht wirklich daran interessiert, dass du dich veränderst. Auf der jährlichen Geburtstagskarte steht schließlich schwarz auf weiß geschrieben: Bleib, wie du bist!

Die meisten Menschen, die unzufrieden in ihrem Job sind, gehen so vor: Sie sind von ihrem Job gefrustet, wünschen sich einen neuen – in der Regel lieber gestern als heute – und öffnen eine der zahlreichen Online-Jobbörsen. Da sie nicht genau wissen, was sie suchen, geben sie ihren jetzigen Jobtitel ins Suchfeld ein und warten gespannt und hoffnungsvoll auf die Ergebnisse. Weil diese selbst bei mäßigem Internet sehr schnell angezeigt werden, tritt schon ein paar Sekunden später Ernüchterung ein. Irgendwie ist nichts Passendes dabei. Logisch, denn wenn dein jetziger Job zu dir passen würde, müsstest du dich nicht auf die Suche nach einem neuen begeben. Wie und wo du stattdessen fündig wirst, stelle ich dir im nächsten Kapitel vor, das dir Orientierung bietet und für dich eine Art Leitfaden sein kann.

In sieben Schritten zu einem Job mit Sinn

Wie geht man also konkret vor, wenn man unzufrieden im Job ist, sich am Wochenbeginn schon fragt, wann wieder Freitag ist, und die Tage bis zum nächsten Urlaub zählt? Wenn man mit Bauchschmerzen zur Arbeit geht und vor lauter Stress nicht weiß, wo einem der Kopf steht? Oder man sich möglicherweise fragt, wie man vor lauter Langeweile den Tag rumkriegen soll und man das Gefühl hat, nur Bullshit-Arbeit zu erledigen?

Der britisch-US-amerikanische Unternehmensberater Simon Sinek sagt:»Start with why«, also beginne bei deinem Warum.[80] Er hat über einen längeren Zeitraum untersucht, was erfolgreiche Menschen und Unternehmen gegenüber anderen auszeichnet, und festgestellt, dass sie ein starkes Warum haben. Als Beispiel nennt er Apple. Der Konzern ist inzwischen weit mehr als ein gewöhnliches Software- und Technologieunternehmen. Apple ist Kult. Woran liegt das? An der Kommunikation, behauptet Simon Sinek. Denn überspitzt formuliert sagen die meisten Unternehmen lediglich:»Wir stellen Computer her – möchtest du einen kaufen?« Das ist langweilig und spricht die potenzielle Käuferschaft nicht an. Apple hingegen kommuniziere völlig anders und sage im übertragenen Sinn eher:»Wir stellen den Status quo infrage und denken anders. Unsere Produkte überzeugen durch intuitive Benutzerführung und überragendes Design. Wir produzieren Computer.« Das hat eine ganz andere Wirkung als die gängige Kommunikation. Ein berühmtes Zitat von Simon Sinek lautet deshalb:»People don't

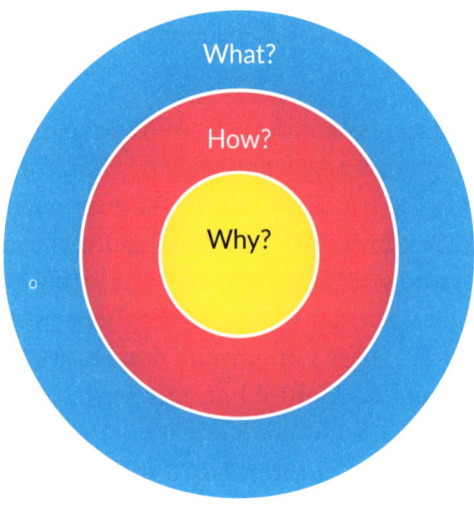

Abbildung 7: Der Golden Circle von Simon Sinek (2009)

buy what you do. They buy why you do it.«[81] Menschen kaufen also nicht, was man macht, sie kaufen, warum man etwas macht. Um das zu verdeutlichen, hat er den Golden Circle aufgestellt (Abbildung 7).

Genau wie im Golden Circle solltest du es bei deiner beruflichen Neuorientierung angehen, denn auch dort ist das Warum ein zentraler Faktor. In einer Erweiterung von Simon Sineks Modell gehe ich jedoch tatsächlich noch einen Schritt weiter und stelle das Who in den Mittelpunkt (Abbildung 8).

Das Warum ist wichtig, keine Frage. Aber zunächst muss ich wissen, wer ich bin. Sonst ist die Gefahr groß, dass ich mich verrenne und einem Warum nacheifere, das gar nicht zu mir passt oder das ich nur rational, aber nicht emotional als essenziell wahrnehme. Erst nachdem ich weiß, wer ich bin, und daraus mein

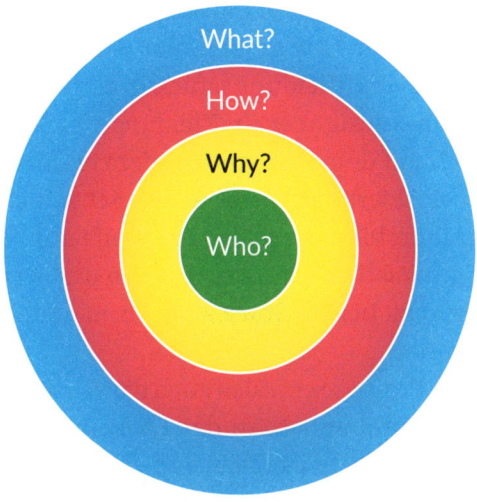

Abbildung 8: Der erweiterte Golden Circle

Warum abgeleitet habe, ist die Grundlage geschaffen, sich mit weiteren Fragen zu beschäftigen: Wie will ich eigentlich arbeiten? Was will ich konkret machen? Anschließend ist es wichtig, möglichst schnell ins Testen und die Umsetzung zu kommen.

Hierfür kannst du dir etwas von Designprozessen abschauen, zu denen es zahlreiche Parallelen gibt. Nehmen wir als Beispiel einen Modedesigner: Er hat zunächst eine Idee und eine Vision eines Kleidungsstücks im Kopf. Er weiß, wo seine persönlichen Stärken sind und welche Stücke ihm besonders liegen. Er weiß auch, wofür das Kleidungsstück ist und welchen Zweck es erfüllen soll. Das ist wichtig, weil eine Winterjacke andere Kriterien erfüllen muss als ein Teil für den Catwalk. Zudem muss er wissen, wohin der Trend geht, sich aber auch auf seine Intuition verlassen. Denn die Mode aus der letzten Saison interessiert morgen niemanden mehr. Und es wird morgen sein, wenn das fertig produzierte Kleidungsstück in den Läden hängt. Vor allem aber designt er ein Kleidungsstück nicht ausschließlich auf dem Papier. Nachdem er einen ersten Entwurf skizziert hat, testet er den Schnitt an einem Model und probiert verschiedene Stoffe aus. Er passt das Kleidungsstück immer wieder an und wiederholt diesen Prozess, bis das Stück sitzt, Form und Funktion überzeugen. Teil des Prozesses ist also auch die eigene Intuition. Diese steht sinnbildlich für das Lächeln, das dir eine gute Idee ins Gesicht zaubert, und das Kribbeln in deinem Bauch vor lauter Vorfreude. Obwohl wir es selbst noch nicht in Worte fassen können, wissen wir intuitiv, was wir wollen. Im Alltag haben wir leider verlernt, auf unser Bauchgefühl zu hören, und ziehen Zahlen, Daten und Fakten bei der Entscheidungsfindung vor. Bei den meisten meiner Coachees war die Berufswahl reine Kopfsache. In Wirklichkeit brauchen wir aber beides: Kopf und Bauch.

Im Prozess der beruflichen Neuorientierung ist aus meiner Sicht ein möglichst ganzheitlicher Ansatz erfolgversprechend. Wenn wir allein auf unseren Bauch hören, fliegen wir womöglich in einer Kurzschlussreaktion Hals über Kopf nach Bali, mit dem Ziel, als digitaler Nomade durchzustarten, um kurze Zeit später festzustellen, dass es dazu etwas mehr bedarf als eines spontan gebuchten Flugtickets, im besten Fall eines Businessplans, eines Konzepts und Rücklagen, damit wir uns, sollte alles schiefgehen, auch noch den Rückflug leisten können. In Fällen, bei denen wir hingegen nur auf unseren Kopf hören, bleiben wir indes oftmals unter unseren Möglichkeiten und werden uns wohl nie auf den Weg zum Flughafen machen – nicht einmal gedanklich. Wir erlauben es uns vielfach nicht, zu träumen, wie es anders sein könnte, und kommen deshalb auch nicht auf neue Ideen. Das Ergebnis: Wir bleiben bei dem uns Bekannten und in unserer sicheren Komfortzone. Dabei ist die Phase der Ideenfindung eine sehr wichtige. Deshalb bedarf es neben der Beschäftigung mit den eigenen Stärken und dem Warum auch Kreativitätstechniken, wie z. B. Design Thinking, um den komplexen Prozess der Neuorientierung mit einer kreativen Leichtigkeit angehen zu können. Diese Leichtigkeit ist nur unter der Voraussetzung möglich, dass unser Mindset stimmt und wir zutrauend auf unsere eigenen Fähigkeiten blicken. Deshalb darf die innere Arbeit nicht zu kurz kommen, die die Basis für den Erfolg der Neuaufstellung bildet. Aber auch der Blick auf die Welt sollte bei alledem nicht fehlen, denn wir möchten (und sollten!) schließlich etwas tun, das sinnvoll ist und mit dem wir die Welt besser machen können. In Abbildung 9 bekommst du einen Überblick über alle Phasen des Prozesses der beruflichen Neuorientierung.

Wie du in Abbildung 9 siehst, ist der Prozess als Kreis angelegt. Das erlaubt es uns, uns immer wieder neu zu erfinden und die Richtung zu wechseln, falls wir das möchten. Dafür sollten wir uns ab und an selbst hinterfragen: Bin ich noch auf dem richtigen Weg? Erfüllt mich mein Job noch? Inwieweit habe ich mich verändert? Sind meine Werte noch dieselben wie im letzten Jahr? Vor allem: Ist mein Job sinnstiftend? Schaffe ich durch meine Tätigkeit einen echten und nachhaltigen Mehrwert? Fragen wie diese solltest du dir in regelmäßigen Abständen stellen. Denn so, wie die Welt

Abbildung 9: Die 7-Schritte-Methode

sich ändert, veränderst auch du dich ebenfalls stetig und kannst dich an die neuen Gegebenheiten anpassen.

Wie wir bereits wissen, können wir unser Mindset durch regelmäßiges Reflektieren und Achtsamkeit trainieren und auf Erfolg ausrichten. Aus diesem Grund braucht es in dem Prozess auch Zeit, um nach innen zu schauen. Dafür können wir meditieren oder einfach in der Natur spazieren gehen. Ziel ist es, rauszukommen aus der Tretmühle des Alltags, das Hamsterrad zu verlassen und die eigene Intuition wieder wahrzunehmen. Dies ist hilfreich, auch um zu lernen, bei sich zu bleiben und sich nicht von anderen auf dem eigenen Weg verunsichern oder gar von ihm abbringen zu lassen. Weil eines gewiss ist: Wenn wir losgehen, um unsere Berufung zu finden, werden wir Kopfschütteln ernten. Gleiches gilt aber auch für den Fall, wenn wir es nicht tun. Es wird immer jemanden geben, der sagt: »Schuster, bleib bei deinem Leisten« und einen anderen, der appelliert: »Du musst doch mehr aus deinem Leben machen!« Wir können es also sowieso niemandem Recht machen – warum es dann überhaupt versuchen und nicht gleich das machen, wonach wir uns selbst am meisten sehnen, und damit im besten Fall die Welt verbessern?

***

Lass uns nun die Schritte der Reihe nach im Detail ansehen.

> **ⓘ Life Design Hacks – so stellst du die Weichen für deine berufliche Neuorientierung:**
> 1. Sei offen für Neues!
> 2. Suche nach Möglichkeiten, anstatt zu denken: »Das geht nicht!«, sei erfinderisch!
> 3. Sei neugierig und gespannt, welche Chancen dir das Leben bietet!
> 4. Sei mutig und teste deine Ideen in der Praxis!
> 5. Sei dir bewusst, dass der Prozess eine Reise ist!
> 6. Beginne am Anfang und lass keinen Prozessschritt aus!

Schritt 1: Reflect!

Bevor ich etwas verändere, muss ich erst einmal wissen, wie der aktuelle Status quo überhaupt ist. Das gilt auch im Berufsleben. Wo stehe ich gerade? Letztendlich ist es wie beim Autofahren: Wir können unser Ziel noch so oft ins Navi eingeben, wenn das GPS unseren Startpunkt nicht erkennt, kann das Navi keine Route anzeigen. Gleiches gilt für die Suche nach deinem Traumjob. Deshalb beginnst du diese mit einem gründlichen Check-up deiner gegenwärtigen Situation: Wo befindest du dich aktuell beruflich? Was ist der Auslöser für deine Unzufriedenheit? Warum empfindest du deinen Job als sinnlos? Welche Punkte stören dich am meisten? Und was hat dich bislang von einer beruflichen Neuorientierung abgehalten?

Hier ist gnadenlose Ehrlichkeit gefordert statt Schönmalerei. Insbesondere die letzte Frage ist ausschlaggebend, denn die Antwort macht dir deine inneren Blockaden und hinderlichen Glaubenssätze bewusst. Hast du Angst davor, noch einmal neu anzufangen? Glaubst du, du bist nicht gut genug? Setzt du dich zu sehr unter Druck? Verleugnest du dich selbst, indem du immer anderen den Vortritt gibst oder andere Dinge priorisierst? Oder hältst du dich an längst überholte Regeln, wie z. B. die, dass dein Lebenslauf einen roten Faden haben muss? All das sind nach Petra Bock verschiedene Mindfuck-Arten, mit denen wir uns selbst sabotieren und mit angezogener Handbremse durchs Leben fahren. Oder, um bei dem Beispiel mit dem Navi zu bleiben, mit einer völlig veralteten Karte. Wenn du Glück hast, kommst du zwar irgendwann ans Ziel, aber eben nicht mit der schnellsten Route und Spaß macht die Fahrt auch nicht. Es fühlt sich vielmehr anstrengend und behäbig an. Im schlimmsten Fall bleibst du in einer Sackgasse stecken und kommst weder vor noch zurück. Genauso ist es, wenn du dein Mindset nicht weiterentwickelst und dich an veralteten Glaubenssätzen orientierst. Weil, wie wir aus Kapitel 5.3 bereits wissen, unsere Gedanken unsere Gefühle und damit unser Verhalten beeinflussen sowie die Ergebnisse, die wir erzielen. Wir können die schönsten Pläne schmieden und die kreativsten Jobideen sammeln, solange du dir selbst nicht zutraust, dass du einen Jobwechsel schaffen kannst, wird er dir auch nicht gelingen – womöglich wirst du deine Komfortzone dann nie verlassen. Apropos Komfortzone: Ja, ich weiß, dort ist es bequem und gemütlich. Aber manchmal darf es eben auch unbequem sein, weil uns das in Bewegung versetzt. Denn persönliches Wachstum findet ausschließlich außerhalb der Komfortzone statt. Auch wenn dir am Anfang mulmig zumute ist und du am liebsten einen Rückzieher machen würdest, wird es sich für dich letztlich auszahlen, den inneren Schweinehund aus seinem vertrauten Bereich in die unbekannten Gefilde herausgetrieben zu haben.

ⓘ Merke: Die eigene Komfortzone in regelmäßigen Abständen zu verlassen, macht dich auf Dauer stärker und selbstbewusster. Du gewinnst Vertrauen zu dir selbst und traust dir mehr zu. Im Gewohnten zu verharren, macht dich hingegen unsicherer und bequemer. Irgendwann forderst du dich überhaupt nicht mehr und schöpfst nur wenige Möglichkeiten für dich aus.

Dieses Phänomen können wir auch bei Tieren beobachten. Flöhe z. B., die eigentlich sehr hoch springen können, passen ihre Sprunghöhe automatisch an, sobald sie in einem Glas mit Deckel eingesperrt werden. Das Interessante ist nun, dass sie selbst dann nicht wieder höher springen, wenn man den Deckel wieder entfernt. So ist es auch mit der Komfortzone. Gesetzt den Fall, dass wir nicht mehr gefordert werden, werden wir bequem und entwickeln uns nicht mehr weiter. Jede noch so kleine Herausforderung wird für uns in der Folge zu einem großen Ding. Wir trauen uns nichts mehr zu und machen uns selbst mit der Zeit immer kleiner, das heißt, unser Selbstvertrauen sinkt.

Aus der Verhaltenstherapie wissen wir, dass sich Ängste verringern, sobald man sich ihnen stellt. Das nutzt z. B. die Konfrontationstherapie. Indem bei ihr die Patient*innen ihre Angst gezielt durchleben, nimmt diese ab. Bei Flugangst ist es also die beste Therapie, zu fliegen. Und deshalb heißt es auch, man solle nach einem Sturz vom Pferd direkt wieder aufsteigen. Umgekehrt ist es aber auch so, dass unsere Angst weiter wächst, wenn wir uns ihr nicht stellen. Die Mauern der Komfortzone werden in unserem Kopf mit der Zeit also gewissermaßen zusehends dicker und dicker und irgendwann gefühlt unüberwindbar. Solltest du diese Tendenz bei dir bemerken, wird es Zeit, etwas zu ändern und die Mauern nach und nach einzureißen.

Sich seine Ängste und destruktiven Glaubenssätze einzugestehen, fällt uns nicht immer ganz leicht, denn das Thema ist häufig mit Scham besetzt. Eine Prise Humor hilft beim Aufdecken der Glaubenssätze, die eigenen Gedanken nicht allzu ernst zu nehmen. Dein Erfolg hängt letztendlich davon ab, wie viel Raum und

Macht du deinen falschen inneren Glaubenssätzen einräumst. Erst wenn du dich von ihnen befreit hast, wirst du deine wahren Stärken und Talente anerkennen können, und genau darum geht es im nächsten Schritt.

> 🛈 **Prüfe, wo du stehst:**
> 1. Auf einer Skala von 1 bis 10 – wie zufrieden bist du gerade mit deinem Job?
> 2. Welche Faktoren führen zu deiner Unzufriedenheit? Was stört dich am meisten?
> 3. Wie sinnvoll empfindest du deine Arbeit?
> 4. Was beziehungsweise welche Glaubenssätze haben dich in der Vergangenheit davon abgehalten, dich beruflich neu zu orientieren?

Schritt 2: Who?

Das *Who* beschäftigt sich mit deinem inneren Wesenskern und beantwortet die Frage »Wer bin ich?«. Ziel ist es, dass du dich selbst noch besser kennenlernst. Natürlich kennen wir uns selbst eigentlich ganz genau und wissen, was wir können, was uns auszeichnet und was wir brauchen, um glücklich zu sein. Aber manchmal geht uns die Sicht auf diese wichtigen Dinge verloren, gerade zu Zeitpunkten, an denen der Job an unserem Selbstbewusstsein nagt. Das ist eigentlich logisch: Befassen wir uns Tag für Tag mit Dingen, die uns nicht liegen und die uns schwerfallen, ist es nicht verwunderlich, dass wir nach und nach das Vertrauen ins uns selbst verlieren. Wir trauen uns mit der Zeit immer weniger zu – und erst recht nicht einen neuen Job.

Die meisten Klient*innen, die zu mir ins Coaching kommen, zucken deshalb häufig zunächst ratlos mit den Schultern, wenn ich sie nach ihren Stärken frage. Ihre Körperhaltung wird plötzlich kleiner, gebückter und die Stimme leiser: »Ich kann eigentlich nichts richtig gut.« Das ist natürlich objektiv betrachtet Quatsch, spiegelt aber eben die Eigenwahrnehmung der Klient*innen in dieser Phase sehr gut wider. Deshalb empfehle ich regelmäßig, sich für diesen Prozessschritt ausreichend Zeit zu nehmen und die eigenen Gedanken aufzuschreiben. Das hilft dabei, sich die Antworten bewusster zu machen und zu verinnerlichen. In vielen Gesprächen mit meinen Coachees wurde mir das wiederholt zurückgemeldet: Zwar seien einige Erkenntnisse in dieser Phase rückblickend nicht unbedingt neu für sie gewesen, aber es wäre unheimlich hilfreich gewesen, alles aufzuschreiben und schwarz auf weiß vor sich zu sehen: Das kann ich, darin bin ich gut. Ein weiterer Pluspunkt ist, dass Querverbindungen so sichtbar werden, die sonst im Verborgenen geblieben wären.

Grundsätzlich solltest du darauf vertrauen, dass alle Antworten schon in dir schlummern. Vielleicht sind sie dir noch nicht bewusst und noch nicht greifbar, aber sie sind dennoch da. Das haben mir auch diejenigen Menschen bestätigt, die ihre Berufung bereits gefunden haben und die ich im Rahmen meines Podcasts interviewen durfte. Nahezu alle sagen, dass sich ihr Traumberuf schon in der Kindheit auf irgendeine Art und Weise abgezeichnet hätte und ihr Job die Essenz aus ihren Stärken und aus dem sei, was sie seit jeher gern gemacht hätten.

So ist es auch bei mir selbst: Bereits als Kind habe ich viel gelesen und liebte es, in die Geschichten meiner Bücher einzutauchen. Das ging so weit, dass ich mich damals manchmal von meiner Mutter an der Tür verleugnen ließ, wenn Klassenkamerad*innen mich spontan und unangekündigt zum Spielen abholen wollten. Nichts konnte mich von meinen Büchern weglocken. Ich malte mir aus, wie es wäre, später selbst ein Buch zu schreiben, und der Gedanke zauberte mir ein Lächeln ins Gesicht und ließ mich all die Jahre nicht los.

Falls ich nicht las oder mit meinem Freundeskreis draußen war, spielte ich stundenlang mit meinen Legosteinen und kreierte neue Häuser und Bauwerke bis hin zu ganzen Städten. Mir wurde als Kind generell nie langweilig. Ich brauchte weder viel Spielzeug noch viele Menschen um mich herum, um mich zu beschäftigen. Ich war gern allein und dachte mir ständig neue Spiele aus. Als meine Familie und ich mit unserem Wohnmobil in den Urlaub fuhren, hatten wir immer eine Patchworkdecke aus verschiedenen Stoffflicken dabei, die optimale Voraussetzung, um ein Stoffgeschäft zu eröffnen – in meiner Fantasie natürlich. Schnell hatte ich einen Namen für den Laden gefunden. Von da an »telefonierte« ich ständig mit »Kundschaft«, »führte Verkaufsgespräche«, schrieb »Rechnungen« und machte »die Buchhaltung«. Ich war meine eigene Herrin und hatte weder Angestellte noch jemanden, der mir sagte, was ich zu tun hätte.

Als ich meinen Eltern rund dreißig Jahre später erzählte, dass ich mich selbstständig machen wolle, sagten sie deshalb nur: »Das war doch klar, dass du das irgendwann machst.« Dass ich dieses Buch schreibe, hat sie auch nicht allzu überrascht. Meine eigene Geschichte zeigt aber auch, dass sich aus unserer Kindheit nicht zwangsläufig ein konkreter Beruf ableitet. Denn sonst hätte ich – um bei meinem eigenen Beispiel zu bleiben – schließlich ein Stoffgeschäft eröffnen müssen. Aber das ist nun wirklich das Letzte, worauf ich Lust hätte. Es geht vielmehr um das Schreiben, das Konzipieren von Neuem und das selbstbestimmte Arbeiten. Alle drei Dinge habe ich jetzt in meinem Job vereint und habe im Prinzip meine eigene Patchworkkarriere kreiert.

Die Frage, wer du bist, kann dir also auch wichtige Hinweise dafür geben, in welchem beruflichen Biotop du gut aufgehoben bist. Du bist eher introvertiert und arbeitest gern auch mal in Ruhe für dich? Ein Umfeld, bei dem du permanent mit anderen Menschen zusammenarbeiten musst und keine Rückzugsmöglichkeiten hast, laugt dich dann wahrscheinlich auf Dauer aus. Du bist eher extrovertiert und liebst den Austausch mit anderen? In dem Fall gehst du in einem ausschließlichen Remote Job ohne Kontakte zu Kolleg*innen oder Kund*innen vermutlich ein wie eine Primel. Aber Vorsicht: Das heißt natürlich nicht, dass du als introvertierte Person ausschließlich im stillen Kämmerlein sitzen musst und als extrovertierte Person dir keinen Rückzug gönnen darfst, ganz im Gegenteil. Ich bin davon überzeugt: Die Mischung macht's. Deine Persönlichkeit gibt dir einen guten Hinweis, welches Mischungsverhältnis für dich passt. Du solltest dich nämlich wohlfühlen und dich so zeigen können, wie du wirklich bist, ohne dich verstellen zu müssen. Das ist vielen tatsächlich fremd. Sie spielen seit Jahren im Job eine Rolle und tragen bildlich gesprochen eine Maske. Das beginnt meist schon im Vorstellungsgespräch. Wir antworten so, wie wir denken, dass es unser Gegenüber erwartet – fatal. Denn im schlimmsten Fall bekommen wir einen Job auf Grundlage der Rolle, die wir in dem Gespräch gespielt haben. Und möchtest du diese zukünftig wirklich tagtäglich im Job spielen müssen? Na also.

Wie geht man dabei vor, sich selbst besser kennenzulernen? Indem du dir Fragen stellst, viele Fragen, Fragen, die tief gehen und nicht sofort zu beantworten sind. Je mehr Zeit du dir für die Antworten nimmst, desto besser. Eine oberflächliche Beantwortung hilft dir nicht weiter. Das Wissen rund um deine Person und das, was dir wichtig ist, ist eine wertvolle Grundlage für deine Berufswahl und deine Entscheidungen im Job, aber natürlich auch im Privatleben. Wie ein innerer Kompass leitet dir das Wissen den Weg, welche Entscheidung am besten zu dir passt. Ein Job, der dich erfüllt, vereint möglichst viele Aspekte miteinander und harmonisiert mit dem, was dir wichtig ist und was dich auszeichnet.

Nicht selten fließen in diesem Prozessschritt auch Tränen. Manchen meiner Klient*innen wird während dieser Übungen deutlich, wie wenig ihr aktueller Job zu ihnen passt. Andere stellen fest, dass die Richtung eigentlich schon stimmt, aber Kleinigkeiten angepasst werden sollten. Egal, wie das Ergebnis ausfällt, am Ende wartet eine große Klarheit auf dich.

Folgende Aspekte sind in diesem Schritt wichtig:

Deine Werte

Werte sind allgemein erstrebenswerte, moralisch oder ethisch als gut befundene Wesensmerkmale einer Person oder Gruppe. Sie spiegeln deine Grundüberzeugungen wider, und aus den jeweiligen Werten, die du hast, resultieren bestimmte Denkmuster, Glaubenssätze und Verhaltensweisen. Werte beeinflussen die Wahl von Freund*innen und Partner*innen, die Art von Waren, die du kaufst, die Interessen, die du verfolgst, und die Art und Weise, wie du deine Freizeit verbringst. Deine Werte wirken sich also eigentlich auf alles in deinem Leben aus, weshalb sie auch so wichtig sind. Deshalb sollten wir sie unbedingt in den Blick nehmen. Sie geben dir Handlungsorientierung und leiten dich wie ein persönliches Navi durchs Leben. Auch bei der Wahl des Arbeitgebers spielen Werte eine entscheidende Rolle. Was es heißt, im Job gegen die eigenen Werte zu verstoßen, habe ich selbst erlebt.

Einmal war ich bei einem Arbeitgeber beschäftigt, dessen Werte – wie sich nach und nach herausstellte – nicht zu meinen passten. Das hat sich z. B. an der Fehlerkultur gezeigt. Eines Tages kam heraus, dass man seit Jahren eine Sache falsch berechnet hatte – zulasten der Mitarbeiter*innen. Anstatt transparent damit umzugehen, sich bei den betroffenen Personen zu entschuldigen und – so wie ich es erwartet hatte – den Fehler glattzubügeln, sagte meine damalige Chefin schulterzuckend: »Wo kein Kläger, da kein Richter.« Für sie war der Fall damit abgehakt. Ich hingegen traute meinen Ohren nicht, einer meiner wichtigsten Werte ist schließlich Ehrlichkeit. So geht man, meiner Meinung nach, einfach nicht miteinander um. Mir widerstrebte diese Vorgehensweise deshalb zutiefst, sie trug sehr zu meiner Unzufriedenheit bei.

ℹ Merke: Werte verändern sich im Laufe des Lebens, sie werden durch unsere Bildung, unsere Erziehung und auch durch unsere ganz persönlichen Erfahrungen im Leben geprägt. Wenn du dich also weiterbildest oder neue Erfahrungen sammelst, kann es sein, dass sich dadurch auch deine Werte mit der Zeit verschieben. Es ist also hilfreich, diese von Zeit zu Zeit zu hinterfragen und möglicherweise neu zu gewichten.

Deine Lebensmotive

Auch deine Lebensmotive geben dir Handlungsorientierung im Leben, sind aber im Gegensatz zu deinen Werten zeitstabil und verändern sich nicht. Deine Lebensmotive zeigen dir, was dich im Leben antreibt und wodurch du von innen heraus motiviert wirst. Der US-amerikanische Psychologe Steven Reiss definiert insgesamt 16 verschiedene Lebensmotive, die den Kern unserer Persönlichkeit bilden. Sie bestimmen das Warum und das Wofür unseres Handelns. Die 16 Lebensmotive sind: Macht, Unabhängigkeit, Neugier, Anerkennung, Ordnung, Ruhm, Sparen, Ehre, Idealismus, Beziehungen, Familie, Status, Rache, Eros, Essen, körperliche Aktivität und Ruhe. Grundsätzlich sind diese 16 Lebensmotive bei allen von uns vorhanden, aber unterschiedlich stark ausgeprägt.[82]

Deine Interessen

Deine Werte und Lebensmotive können dir auch einen Hinweis auf deine Interessen geben, die ebenfalls sehr wichtig sind. Du kannst nämlich durchaus einen Job haben, den du gut kannst und in dem deine Stärken gefragt sind, der dich dennoch einfach nicht die Bohne interessiert und dich deshalb langweilt. Sammle deshalb all deine Interessen und schreibe sie für dich auf. Ein guter Anhaltspunkt für diese Übung ist, dir zu überlegen, worüber du dich im Freundeskreis unterhältst, bei welchen Dokumentationen du im Fernsehen, in Mediatheken, bei YouTube, Netflix etc. hängen bleibst oder welchen Personen oder Hashtags du in den sozialen Medien folgst. Vielleicht möchtest du deine Interessen und Hobbys gar nicht zum Beruf machen, aber für die Wahl eines zukünftigen Arbeitgebers können sie definitiv spannend sein. Sie liefern dir wichtige Impulse für Querverbindungen. Stell dir vor, du interessierst dich für Astronomie, hast aber keine Stärken in dem Bereich, die dich für einen solchen Job qualifizieren würden. Stattdessen organisierst du gern und hast ein Gen für Gastfreundschaft in dir, das heißt, du schaffst es, Veranstaltungen und Events immer eine ganz besondere Note zu verleihen. Wie wäre es dann z. B. in der Eventorganisation beim DLR, also beim Deutschen Zentrum für Luft- und Raumfahrt? Das würde dir sicherlich mehr Spaß machen, als irgendwelche Veranstaltungen für ein Unternehmen zu planen, dessen Geschäftsfelder dich nicht interessieren.

Deine Stärken und Talente
Neben deinen Interessen sind natürlich auch deine Stärken und Talente essenziell, um den richtigen Job zu finden. Auch wenn du vielleicht das Gefühl haben solltest, dass du nichts wirklich gut kannst: Wir alle haben unsere persönlichen Stärken und Fähigkeiten, auch du. Der Fehler ist, dass wir das, was wir gut können, oft

als banal einstufen. Eben weil es uns selbst so leicht von der Hand geht, denken wir automatisch, dass es allen so geht. Aber weit gefehlt. Mir selbst fällt es z. B. leicht, zu schreiben und zu formulieren. Ein gutes Anschreiben zu erstellen, ist also kein Problem für mich. Aber wie viele Menschen gibt es, die sich dabei abmühen und stundenlang brauchen, um etwas halbwegs Akzeptables aufs Papier zu bringen? Dafür tue ich mich mit anderen Dingen schwer und staune deshalb über andere Menschen, denen diese Sache leichtfällt. Ein wahres Highlight ist es übrigens, wenn deine Stärken und Talente auf deine Interessen treffen. Dann ist es sehr wahrscheinlich, dass du in eine Art Flow gerätst. Das Flow-Konzept geht auf den ungarischen Psychologen Mihály Csíkszentmihályi zurück und beschreibt einen Zustand, in dem man über einer Aufgabe Raum und Zeit vergisst und in dem jeweiligen Tun voll und ganz aufgeht. Um diesen Zustand zu erreichen, sollte die Aufgabe durchaus herausfordernd sein, dich aber weder über- noch unterfordern.[83]

Deine Persönlichkeit
Auch deine Persönlichkeit liefert dir wichtige Anhaltspunkte, welcher Job beziehungsweise welche Rahmenbedingungen zu dir passen. Um mehr über deine Persönlichkeit zu erfahren, gibt es verschiedene Persönlichkeitstests, die dir dabei helfen können, dich selbst noch genauer einzuschätzen. Ich selbst arbeite gern mit dem Insights-Discovery-Modell, für das ich zertifiziert bin.[84] Die Insights-Discovery-Methodik basiert auf der Typenlehre des Psychologen Carl G. Jung und verwendet ein einfaches, einprägsames Vier-Farbenenergie-Modell. Es gibt demnach Menschen mit einer roten, gel-

ben, grünen oder blauen Farbenergie. Jede Farbe steht für bestimmte Verhaltenspräferenzen, also für typische Verhaltensweisen, etwa rationales vs. emotionales Handeln, introvertiertes vs. extrovertiertes Agieren usw. Wir alle haben grundsätzlich alle Farbenergien in uns, aber unterschiedlich ausgeprägt und eine oder zwei Farben dominieren meistens. Jeder Mensch hat seine individuelle Farbenergiemischung, die erklärt, warum er sich so verhält, wie er sich verhält. Wichtig zu wissen ist, dass es auch immer auf den Kontext und die Situation ankommt. Dennoch kann dir das Modell gute Hinweise zu deinem Verhaltensstil geben und aufzeigen, warum du auf eine bestimmte Art und Weise an Dinge herangehst.

Ein solches Modell hilft einem übrigens nicht nur dabei, sich selbst noch besser kennen und verstehen zu lernen, sondern auch andere Menschen. Du hattest bestimmt auch schon einmal in deinem Leben eine Situation, in der jemand für dich total unverständlich reagiert hat und du seine Reaktion überhaupt nicht nachvollziehen konntest. Du hast vielleicht so etwas gedacht wie »Der spinnt doch« und dich über sein Verhalten aufgeregt. Fakt ist: Wir ticken alle unterschiedlich und verhalten uns deshalb auch alle anders. Je besser wir uns selbst verstehen, umso besser können wir auch andere verstehen. Während meiner Coachingausbildung haben wir eine einfache, aber sehr wirksame Übung dazu gemacht, die sich nachhaltig auf meine Teamfähigkeit ausgewirkt hat. Wir sollten in dieser Übung an eine Person denken, die uns so richtig auf die Nerven geht. Innerlich hatte ich schnell das Bild einer bestimmten Arbeitskollegin vor mir. Am Ende der Übung wurde ich zusehends ruhiger und ziemlich nachdenklich. Ich hatte verstanden, warum ich von der Person so genervt war und was das mit mir selbst zu tun hatte. Nach dieser Übung und meiner für mich sehr wichtigen Erkenntnis verlief die Zusammenarbeit mit dieser Kollegin viel harmonischer. Ich konnte sie in der Folge besser sehen – mit ihren Schwächen *und* ihren Stärken – und ihr Potenzial würdigen. Und genau darum geht es schließlich auch bei uns selbst: unsere Stärken anzuerkennen und unseren Fokus nicht ausschließlich auf das zu lenken, worin wir nicht gut sind.

Wenn wir in einem Beruf arbeiten, in dem wir unsere Stärken nicht einsetzen können, fühlen wir uns immer irgendwie fehl am Platz. Wir versuchen, uns anzupassen und in den Job einzufügen, was auch meist irgendwie klappt, aber eben auch eine Menge Energie kostet. Es verhält sich wie ein Kaninchen im Wasser – es kann schwimmen, wenn es muss, aber Freude hat es nicht daran. Und wirklich schnell und gut ist es dabei auch nicht. Es liegt an dir, dieses Spiel zu beenden und deine Stärken dort einzusetzen, wo sie am meisten gebraucht werden.

ⓘ Lerne dich selbst besser kennen:
- Welche Werte hast du im Leben?
- Was sind deine Stärken und Talente – worin bist du richtig gut?
- Was hast du als Kind gern gespielt? Womit hast du viel Zeit verbracht?
- Wo liegen deine Interessen? Wofür interessierst du dich?
- Was zeichnet deine Persönlichkeit aus?
- Wann gerätst du in eine Art Flow?

Schritt 3: Why?

Eine der wichtigsten und gleichzeitig schwierigsten Fragen bei der Suche nach einem sinnstiftenden Job ist die Frage nach dem eigenen Warum und warum du tust, was du tust. Ich selbst konnte diese Frage lange Zeit nicht für mich beantworten. Die Antwort zu kennen, ist aber essenziell für die eigene Motivation. Grundsätzlich kommen wir zwar auch ohne ein Warum durch den Alltag, aber der ist dann gleich sehr viel weniger erfüllend.

Wie du weißt, bin ich eine starke Verfechterin davon, dass die Arbeitsbedingungen zu uns passen müssen, damit wir uns richtig wohlfühlen. Das stimmt grundsätzlich auch. Aber je stärker dein Warum ist, umso zweitrangiger werden das Wie und das Was. Ein starkes Warum treibt uns an und schenkt uns Kraft. Wenn es wirklich um die Sache geht, ist es am Ende nahezu egal, *wie* du das Warum umsetzen kannst.

Wie kraftvoll ein Warum sein kann, habe ich das erste Mal live bei der Rednernacht Gedankentanken im November 2019 erlebt. Rüdiger Nehberg, Aktivist für Menschenrechte und Survivalexperte, hat an diesem Abend vor 15.000 Menschen einen Ehrenpreis für sein Lebenswerk überreicht bekommen. Noch heute bekomme ich Gänsehaut, wenn ich an seinen Auftritt denke. Während er sein Warum mit uns teilte, hatte er mit seinen 84 Jahren eine solche Präsenz auf der Bühne, wie man es nur selten erlebt. Mithilfe der von ihm gegründeten Menschenrechtsorganisation TARGET[85] war es sein Ziel, weibliche Genitalverstümmelung weltweit zu beenden, denn bis heute werden etwa achttausend Mädchen pro Tag gewaltvoll beschnitten. Seine Vision sah er glasklar vor sich: Er wollte das Verbot weiblicher Genitalverstümmelung in sämtliche Moscheen tragen und es zum Schluss den Pilger*innen in Mekka öffentlich verkünden lassen. Man merkte ihm an, wie er dafür brannte, und mit voller Inbrunst rief er ins Mikrofon:»Ich weiß, dass ich es schaffen kann, aber ich habe ein Problem: Ich bin jetzt 84 und mir läuft die Zeit davon!« Ein sehr bewegender Moment, der viele Anwesende zu Tränen rührte – auch mich.

Sicherlich ist dies ein Ausnahmebeispiel, aber es zeigt, was alles möglich ist, sobald wir unser Warum gefunden haben. Doch du solltest dich nicht unbedingt mit Rüdiger Nehberg vergleichen. Es gibt viele Warums und alle machen die Welt besser, egal ob im Kleinen oder im Großen. Das Warum ist der Purpose, der auch immer einen transzendierenden Aspekt beinhaltet und deshalb nicht nur auf die eigenen Bedürfnisse abzielt. Es ist ein Trugschluss, dass wir das Warum einzig im beruflichen Kontext finden und leben können. Aber wenn es sich dort mit unserem privaten Warum verbinden lässt, ist es umso schöner.

In der Arbeit mit jungen Müttern erlebe ich es manchmal, dass sich diese am liebsten ausschließlich um ihre Kinder kümmern und gar keiner Erwerbsarbeit mehr nachgehen würden. Diesen Wunsch gestehen sie sich häufig aber gar nicht zu. Von Frauen wird heute erwartet, dass sie nicht»nur« Hausfrau und Mutter sind, sondern Working Mom. Ich plädiere nicht dafür, dass Frauen grundsätzlich zu Hause bleiben und in der Karriere zurückstecken sollten, weil sie ein Kind haben. Auch bin ich der Überzeugung, dass beides – Karriere und Familie – gleichzeitig möglich ist, falls Frauen und ihre Partner*innen das möchten, und dass Frauen sich nicht automatisch gegen ein berufliches Fortkommen entscheiden, bloß weil sie ein Kind erwarten beziehungsweise haben. Aber wenn es der eigene Wunsch ist, zu Hause bei den Kindern zu bleiben, und es finanziell zu stemmen ist, sollten Frauen das ohne Vorbehalte tun dürfen. Ob wir arbeiten oder nicht, entscheidet nicht darüber, ob wir eine gute Mutter sind oder nicht. Das gilt ebenso für Männer. Es ist selbstverständlich in Ordnung, sollte für sie der Beruf nicht an oberster Stelle stehen. Ich wiederhole mich noch einmal: Wir sind nicht unsere Berufe! Es ist gesünder, sich dies einzugestehen, als aus falschem Ehrgeiz irgendwelchen Karrierezielen hinterherzujagen, die einem in Wahrheit gar nichts bedeuten. Auch abseits des Berufs kann man sich dafür einsetzen, die Welt zu einem besseren Ort zu machen. Dein Job sollte zu dir passen und dir Energie schenken, nicht allein deinetwegen, sondern auch für deine Familie. Denn wenn du genervt und ausgelaugt von der Arbeit nach Hause kommst und dir jegliche Energie für anderes fehlt, ist nichts gewonnen.

Auch bin ich keine Freundin davon, die Selbstständigkeit als Allheilmittel gegen Unzufriedenheit in einem Angestelltenverhältnis darzustellen, so wie ich es in den sozialen Medien laufend erlebe. Sowohl im Angestelltenverhältnis als auch in der Selbstständigkeit kann man grundsätzlich glücklich werden; das eine ist nicht besser als das andere. Man muss nur selbst wissen, was besser zu einem passt und was man möchte. Und manchmal stellt man auch fest, dass die Beschäftigungsform nebensächlich ist, nämlich dann, wenn es um das große Ganze geht. Das Warum steht wie gesagt immer über dem Wie und dem Was.

Mein persönliches Warum ist es, Menschen dabei zu unterstützen, einen für sich und die Welt sinnvollen und bereichernden Job zu finden, damit wir die Welt gemeinsam zu einem besseren Ort machen können. Denn das Leben ist zu schön und zu wertvoll, um Zeit in einem Bullshit-Job zu vergeuden und gleichzeitig zuzulassen, dass wir unsere Erde unwiderruflich zerstören. Deshalb schreibe ich dieses Buch, habe einen Podcast, coache Menschen und arbeite mit Unternehmen zusammen.

Und eine Sache noch: Du brauchst kein perfekt formuliertes Warum, um anzufangen, die Welt besser zu machen. Dieser Anspruch bremst dich bloß. Dein Warum gibt dir eine Richtung vor, wohin deine Reise gehen soll. Verabschiede dich von dem Gedanken, den *einen* Traumjob oder deine Berufung zu finden, also diesen einen perfekten Job, mit dem alles besser wird. Im Gegenteil: Starte lieber unperfekt, als perfekt zu warten.

Also, was ist dein Warum? Wie willst du mit deinem Potenzial dazu beitragen, die Welt für uns alle besser zu machen?

ⓘ Finde dein Warum:
- Warum tust du, was du tust?
- Was motiviert dich von innen heraus?
- Welche Aufgaben und Tätigkeiten erlebst du als sinnstiftend?

Schritt 4: How?

Viele von meinen Coachees wollen einen Plan, haben aber gleichzeitig noch gar keinen Traum. Doch um einen Plan für deine berufliche Neuorientierung entwickeln zu können, musst du erst einmal wissen, was du überhaupt willst und wie dein Leben aussehen soll. Du brauchst also eine Zukunftsvision: Wie stellst du dir dein Leben vor? Wo möchtest du leben? Welche Träume stehen auf deiner Bucket List? Was möchtest du alles erleben? Und bezogen auf deinen Job: Wie möchtest du arbeiten? Wie sieht der ideale Job für dich aus? Was muss der Beruf mitbringen, damit du voll und ganz erfüllt bist? Wie sieht eine ideale Arbeitsumgebung für dich aus? Stell dir deinen Traumjob in allen Farben und Facetten so konkret wie möglich vor! Und ja, vielleicht ist dabei nicht alles realistisch. Aber darum geht es in dieser Phase auch nicht. Erst wenn du weißt, wie der für dich ideale Job aussieht, weißt du, wohin du willst und wo dein Herz schneller schlägt. Abstriche kannst du in der Realität anschließend immer noch machen und wirst du vielleicht sogar machen müssen. Aber solange das Zielbild nicht klar formuliert ist, weißt du nicht, in welchen Punkten du kompromissbereit bist und in welchen eben nicht.

Als ich einem Klienten von mir die Frage gestellt habe, was er im Job braucht, damit er es richtig, richtig schön fände, antwortete er mit strahlendend-leuchtenden Augen: ein großes Fenster! Verblüfft sah ich ihn an. Er erklärte mir, dass er es als Designer liebe, an einem hellen Platz vor einem großen Fenster Kleidungsstücke zu entwerfen. Aktuell sitze er aber in einem kleinen dunklen Raum und diese Atmosphäre inspiriere ihn so gar nicht. Was uns das Beispiel zeigt? Manchmal braucht es gar nicht viel, um die Arbeitsbedingungen wesentlich zu verbessern.

Gleichzeitig ist nicht für jede*n die Arbeitsumgebung wichtig – für mich allerdings schon. Wie ich eingangs schon erzählt habe, trägt ein schönes Büro, in dem ich mich wohlfühle, definitiv zu meinem Wohlbefinden bei. Das liegt aber auch daran, dass mir Ordnung und ein ansprechendes minimalistisches Design generell wichtig sind. Das zeigt auch mein Reiss-Motivation-Profile, in dem Ordnung als für mich wichtiges Lebensmotiv recht stark ausgeprägt ist, ebenso Ästhetik. Seitdem ich mich mit meinem Who auseinandergesetzt habe, weiß ich also, dass ich darauf achten sollte, in einer für mich schönen Umgebung zu arbeiten. Die Erkenntnisse aus den vorherigen Übungen fließen in diesem Schritt folglich ganz automatisch ein.

Für gewöhnlich machen wir uns über unsere Arbeitsumgebung im Vorfeld, bevor wir einen Job antreten, jedoch gar keine Gedanken. Wir haben auf die Umgebung und das Ambiente ja ohnehin keinen Einfluss und sollten unsere Vorlieben deshalb nicht so wichtig nehmen, so die Annahme. Aber wenn du Tag für Tag in einer Umgebung bist, in der du dich nicht wohlfühlst, beeinflusst das früher oder später eben doch deine Arbeitszufriedenheit. Daher solltest du deine Wünsche an eine für dich gute Arbeitsumgebung von dem metaphorischen Stapel für Unwichtiges auf jenen für Wichtiges räumen.

ⓘ Formuliere dein Wie:

- Wie stellst du dir dein Leben vor?
- Wie sieht deine Vision für die nächsten Jahre aus?
- Was steht noch auf deiner Bucket List und möchtest du unbedingt erleben?
- Wie möchtest du arbeiten?
- Wie sähe die optimale Arbeitsumgebung aus deiner Sicht aus?

Schritt 5: What?

In diesem Abschnitt geht es an die konkrete Ideenfindung und darum, in welchem Job du deine Stärken einsetzen und dein Warum ausleben kannst. Jetzt beginnt ein fantastischer Prozess, der von Kreativität und Leichtigkeit lebt.

Kreative Ideen ziehen uns häufig in den Bann. Wir bewundern großartige Einfälle von anderen. »Ideen muss man haben!«, sagen wir mitunter im verträumt-resignierten Ton angesichts eines coolen Produktes von einem innovativen Start-up, und weiter: »Wenn ich selbst doch auch nur eine Idee hätte ...!« Denn uns selbst scheint es daran zu mangeln. Wir grübeln die ganze Zeit und kommen zu keinem Ergebnis. Dabei würden wir so gern etwas anderes machen, bloß was? Anstatt den Prozess kreativ und mit einer Portion Leichtigkeit anzugehen, setzen wir uns unter Druck, diese eine grandiose Idee zu finden, die uns zum Durchbruch verhilft. Wir grübeln und grübeln und warten darauf, dass es endlich klick macht.

Die Idee, dass es klick macht, kennen wir aus dem Bereich Partnerschaft und Beziehung. Auch hier warten wir bei neuen Bekanntschaften darauf, dass es klick macht. Wir meinen damit den Funken, der überspringt und unsere Augen zum Leuchten bringt, sobald wir die andere Person sehen oder an sie denken. Wann und ob dieser Moment kommt, haben wir allerdings nicht in der Hand. Aber eines ist klar: Die Wahrscheinlichkeit, dass es klick macht, ist größer, wenn wir uns persönlich treffen und uns Zeit nehmen, das Gegenüber besser kennenzulernen, wir Zeit zu zweit verbringen, tiefgründige Gespräche führen und uns gegenseitig zum Lachen bringen. In Fällen, in denen wir uns hingegen nur ein Foto der Person ansehen und uns das Hirn zermartern, ob wir zueinander passen oder nicht, wird die Klickrate aller Wahrscheinlichkeit nach zu vernachlässigen sein. Sich bei Tinder oberflächlich durch die verschiedenen Profile zu swipen, führt selten dazu, dass es klick macht. Dazu braucht es schon mehr. Uns allen ist das klar. Außerdem müssen wir wissen, was wir suchen, um es bei unserer Suche zu erkennen. Sich auf der Suche nach einer festen Partnerschaft auf einem Seitensprungportal umzuschauen, scheint kaum erfolgversprechend zu sein, im Gegenteil: Hier sollte sich keine*r wundern, warum alle ausschließlich das eine wollen. Das, was beim Daten selbstverständlich ist, vergessen wir leider allzu oft, sobald es um den Job geht. Dort machen die meisten von uns im übertragenen Sinne genau das, wenn sie unzufrieden im Job sind: Sie durchstöbern sämtliche Jobbörsen, schauen sich eine Stellenanzeige nach der anderen an (ohne zu wissen, wonach sie überhaupt suchen) und geben irgendwann frustriert auf und sagen: »Bei keinem Job macht es klick!«

Bei diesem Vergleich wird deutlich, wie wenig zielführend diese Vorgehensweise ist. Wir können vom Sofa aus zwar nach Jobs suchen, aber wir dürfen nicht gleich die große Berufung, den Traumjob erwarten. Stattdessen sollten wir ganz unvoreingenommen erst einmal Ideen sammeln und jeden Job aufschreiben, der uns einfällt, ohne diesen direkt zu bewerten. Die Bewertung erfolgt erst im nächsten Schritt. Das Verrückte ist obendrein: Wir wünschen uns nichts sehnlicher, als Ideen zu haben, aber wenn sie dann da sind, schmettern wir sie auch schon ab: »Ach, damit verdient man doch kein Geld!«, »Dafür bin ich nicht gut genug« oder »In dem Bereich habe ich sowieso keine Chance!«. Wir geben der Idee keinen Hauch einer Chance und erlauben uns nicht, über sie nachzudenken. Ein großer Fehler! Weil die Ideenentwicklung wie ein Brainstorming ein kreativer Prozess ist, bei dem es darauf ankommt, frei und offen alle Gedanken zuzulassen, die uns in den Sinn kommen. Dazu braucht es ein Mindset, das frei von blockierenden Gedanken ist. Allerdings spielen uns die Gedanken gern einen Streich. Aus der Kognitionspsychologie wissen wir, dass wir dazu neigen, Informationen so wahrzunehmen und zu interpretieren, dass sie unseren Erwartungen entsprechen und unsere Meinung festigen – selbst dann, wenn diese falsch sind. Dieses Phänomen ist unter dem Begriff Confirmation Bias (Bestätigungsfehler) bekannt und stammt von Peter Wason.[86] Wir nehmen also lediglich solche Informationen auf, die zu unserem eigenen Weltbild passen, und blenden den Rest einfach aus. Ein einfaches Beispiel: Falls du denkst, dass man von Yoga-Unterricht nicht leben kann, wirst du ab sofort nur noch Yoga-Lehrer*innen wahrnehmen, die ihren Lebensunterhalt mit ihrem Beruf tatsächlich nicht bestreiten können, und den Yoga-Unterricht bloß als Hobby sehen. Alle diejenigen, die erfolgreich ein Yoga-Studio betreiben, existieren hernach in deiner Wahrnehmung nicht. Das führt dazu, dass du dir selbst aus falschen ökonomischen Überlegungen die Möglichkeit nimmst, diesen Beruf zu ergreifen, auch wenn er insgeheim eigentlich dein Traumjob und vielleicht genau der richtige Beruf für dich wäre.

Es ist bei diesem Schritt also extrem wichtig, alle Informationen zunächst wertfrei aufzunehmen und auch mal um die Ecke zu denken. Du träumst davon, Radiomoderator zu werden, aber möchtest nicht noch einmal studieren? Was reizt dich an dem Beruf? Sobald du das weißt, kannst du nach Alternativen suchen. Du könntest z. B. einen Podcast starten – das ist kostengünstig, unkompliziert und jederzeit möglich. Vielleicht kommt dir der Einwand, dass damit aber kein Geld zu verdienen sei. Tja, das stimmt nicht ganz, auch das ist heute möglich, genau wie im Journalismus. Es gibt schon längst viele Blogger*innen, die mehr verdienen als manche Journalist*innen und eine immens große Leserschaft erreichen. Und so gibt es auch Leute, die mit ihrem Podcast Geld verdienen.

Wenn es um das Sammeln von Jobideen geht, solltest du das also möglichst unbelastet tun und dich nicht auf die Berufsbilder beschränken, die du schon kennst. Suche außerdem nach Querverbindungen und Kombinationsmöglichkeiten. Denn es kommen, wie wir schon gesehen haben, fortlaufend neue Berufe hinzu und vielleicht liegt deine zukünftige Tätigkeit ja auch darin, verschiedene Berufsbilder miteinander zu kombinieren. Das ist der Schlüssel zur echten Erfüllung, weil wir meistens viel vielseitiger sind, als es ein einzelnes Berufsbild hergibt. Es wird also Zeit, sich von dem ewigen Entweder-oder-Denken zu verabschieden und das *Oder* durch ein *Sowohl-als-auch* zu ersetzen. Du darfst mehr sein als nur *ein* Job und, falls du es möchtest, auch eine Patchworkkarriere anstreben.

Die Qualität deiner Ideen hängt übrigens davon ab, was du dir zutraust. In meinen Coachingsitzungen erlebe ich es immer wieder, dass meine Klient*innen sich bei diesem Schritt anfangs besonders schwertun. Die hemmenden Glaubenssätze sitzen tief und schränken unsere Kreativität ein. Einer der schönsten Momente in meiner Arbeit ist deshalb der, in dem die Ideen zu fließen beginnen und diese von Mal zu Mal verrückter werden, und die Augen meiner Coachees anfangen zu leuchten.

Sobald genügend Ideen auf dem Tisch liegen beziehungsweise auf dem Papier stehen (und erst dann!), solltest du in die Bewertung gehen. Wirf dazu einen Blick auf deine Erkenntnisse aus den vorherigen Schritten und notiere die Kriterien, die dir am wichtigsten sind. Jetzt kannst du diese mit deinen Ideen abgleichen und ein Fazit ziehen: Welche der Ideen passen am besten zu dem Leben, das du dir vorstellst? Für die drei Ideen, die am besten von dir bewertet wurden, entwickelst du im nächsten Schritt einen Prototyp. Dieser Prototyp ist im Grunde eine Arbeitshypothese, die es zu prüfen gilt, z. B.: »Ich möchte ein veganes Café am Stadtrand eröffnen.«

ⓘ Lifehacks für die Ideensammlung

1. *Brainwriting:* Nimm dir ein weißes Blatt und schreibe alle Jobideen auf, die dir in den Sinn kommen. Wichtig ist, dass du diese noch nicht bewertest. Das würde dich bei der Ideenfindung nur einschränken.

2. Folgende *Leitfrage* kann dir helfen: Was würdest du tun, wenn Geld keine Rolle spielen würde?

3. Im Hinblick auf eine bessere Welt: Wo auf dieser Welt muss sich unbedingt etwas verbessern? Welches Problem ist aus deiner Sicht das drängendste? Was kann man tun, um dieses Problem zu verkleinern? Wie kannst du mit deinen Stärken und Talenten zu einer Lösung beitragen?

4. Fasse deine Ergebnisse aus den vorherigen Übungen zusammen und notiere die Punkte, die dir bei deinem zukünftigen Job am allerwichtigsten sind.

5. Nun geht es an die Bewertung: Vergleiche die Kriterien aus (4) mit deinen Jobideen aus (1), (2) und (3) und wähle die drei Ideen aus, die die größte Übereinstimmung haben.

6. Entwickle für diese drei Ideen einen Prototyp, das heißt eine Arbeitshypothese, die du prüfen möchtest.

Schritt 6: Test!

Du hast nun mehrere Jobideen gesammelt und Prototypen entwickelt – großartig, damit hast du einen wichtigen Meilenstein erreicht. Jetzt geht es darum, deine drei Arbeitshypothesen zu testen. Eine Hypothese könnte wie gesagt z. B. lauten »Ich möchte ein veganes Café am Stadtrand eröffnen.« Ziel ist es nun, möglichst viel über das Führen eines Cafés zu erfahren und Eindrücke *on the job* zu sammeln. Denn woher sollen wir wissen, ob uns ein Job gefällt, wenn wir ihn noch nie ausprobiert haben? Manchmal romantisieren wir eine Tätigkeit in unserer Vorstellung, um anschließend in der Praxis ernüchtert festzustellen, dass wir sie uns ganz anders vorgestellt haben.

Nachdem ich kurze Zeit der Meinung war, dass ich unbedingt Pferdewirtin werden möchte, machte mir bereits ein dreitägiges Praktikum deutlich, dass ich dafür wohl doch nicht gemacht bin. Als ich hingegen bei einem Nebenjob im Büro plötzlich vor einem Stapel Bewerbungsmappen saß, wusste ich: Das ist es! Ich will eines Tages in der Personalabteilung arbeiten. Trial and Error ist also die Devise. In unserer Fantasie können wir uns ausmalen, wie toll ein Job ist und wie glücklich er uns machen würde. Was in der Theorie nach »zu schön, um wahr zu sein« klingt, sieht in der Praxis manchmal ganz anders aus: Aus dem hochgelobten Traumjob wird plötzlich ein Albtraum. Anstelle der Begeisterung tritt dann oft Resignation, sobald wir feststellen, dass wir schon wieder in einem Job sitzen, der uns nicht zusagt. Damit es nicht so weit kommt, gibt es zum Glück eine Gegenmaßnahme, und die lautet Testen. In anderen Lebensbereichen kaufen wir schließlich auch nicht die Katze im Sack. Mit unserer großen Liebe sind wir (in der Regel) einige Jahre zusammen und haben das Zusammenleben erprobt, bevor wir sie heiraten, mit dem Auto absolvieren wir eine Probefahrt und in der Umkleidekabine werfen wir uns ein Kleidungsstück nach dem anderen über, um so das beste Outfit für die Party nächste Woche zu finden. Nur im Beruf schenken wir der Testphase viel zu wenig Aufmerksamkeit. Die obligatorischen Praktika zur Berufsorientierung in der Schulzeit reichen diesbezüglich noch lange nicht. Für gewöhnlich bewerben wir uns in den meisten Fällen blind auf einen Job. Verrückt eigentlich. Entdecke die Möglichkeit des Probearbeitens für dich!

Um eine Idee zu testen, gibt es verschiedene Möglichkeiten, die im Umfang und Aufwand variieren. Die beste Möglichkeit, eine Jobidee zu testen, ist ein Praktikum, um den Job in der Praxis kennenzulernen. Nicht immer ist dies allerdings möglich. Dann ist vielleicht ein Schnuppertag eine gute Idee oder ein ehrenamtliches Engagement in deiner Freizeit. Die leichteste Möglichkeit, um ein Gespür für die Idee zu bekommen, ist mit Menschen zu sprechen, die diesen Job schon ausüben, und sie zu ihrer Tätigkeit auszufragen. Worin bestehen ihre tagtäglichen Aufgaben? Was wird darüber hinaus von ihnen erwartet? Wie wird im Team, mit anderen Abteilungen und mit Externen zusammengearbeitet? Wie sind sie in die Position gekommen? Welche Voraussetzungen muss man für den Job erfüllen und was sollte man mitbringen? Welche Schritte empfehlen sie beim Quereinstieg?

Heutzutage bekommen wir durch die sozialen Medien viele spannende und aufregende Lebensmodelle vorgelebt, die uns in ihren Bann ziehen. Oft ist dies aber nur die eine Seite der Medaille, die andere versteckt sich hinter der Kamera. Um herauszufinden, welcher Job zu dir passt, musst du aber beide Seiten der Medaille kennen und beleuchten – nicht bloß die Highlights.

Das Testen ist also dafür da, ein realistisches Bild von dem Job zu bekommen, mit dem du liebäugelst.

Nachdem du deine Ideen getestet hast, folgen der Realitätscheck und eine abschließende Bewertung deiner Jobideen: Ist der Job wirklich so toll, wie du es dir zuvor ausgemalt hast? Welche Erkenntnisse konntest du beim Testen für dich sammeln? Welche Schattenseiten gibt es, die du zuvor nicht bedacht hast? Und bist du bereit, diese in Kauf zu nehmen, oder gibt es eine Möglichkeit, die Nachteile zu minimieren?

An dieser Stelle kann dir das aus Japan stammende Ikigai-Konzept helfen, bei dem es darum geht, die eigene Bestimmung zu finden. Ikigai steht für das, wofür es sich zu leben lohnt. Die Methode unterscheidet vier Bereiche, die für ein sinnerfülltes Leben wesentlich sind: Berufung, Profession, Mission und Leidenschaft.[87] Hat man sein persönliches Ikigai gefunden, erlebt man Lebensfreude, Sinnstiftung und innere Zufriedenheit. Dafür orientierst du dich an den folgenden vier Fragen:

- *Kannst du in dem Job das tun, was du liebst und gern tust?*
- *Kannst du mit dem Job etwas tun, was die Welt von dir braucht?*
- *Kannst du mit der Tätigkeit Geld verdienen?*
- *Kannst du in dem Job deine Stärken und Talente einsetzen?*

Wenn du feststellst, dass der Job nicht zu dir passt oder sich nicht alle Fragen zufriedenstellend beantworten lassen, dann lass dich davon nicht entmutigen. Oft gibt es verwandte Alternativen oder die Idee lässt sich so abwandeln, dass sie doch passt. Hilft auch das nicht weiter, gibt es zudem noch viele weitere Ideen da draußen, die darauf warten, von dir getestet zu werden. Immerhin bist du jetzt einen Schritt weiter und weißt, was du nicht willst. Das ist doch auch schon mal eine gute Erkenntnis, oder?

Noch ein wichtiger Tipp für dich: Vielleicht stellt sich heraus, dass du die Anforderungen für einen Job nicht erfüllst und auch nicht erfüllen kannst. Das ist z. B. der Fall, solltest du dir mit Mitte vierzig vornehmen, Profifußballer*in zu werden, oder du davon träumst, die Laufstege von Paris, New York und Mailand zu erobern, obwohl du nur 1,60 Meter misst. In solchen Momenten ist Umdenken gefragt und es gilt, Brücken zu bauen. Warum möchtest du denn überhaupt Profifußballer*in werden? Was reizt dich daran? Und wie kannst du das auf andere Art erleben? Liebst du etwa die Atmosphäre im Stadion? Wie wäre es mit einem Job als Trainer*in, Kommentator*in oder Schiedsrichter*in? Alternativ könntest du auch Getränke und Bratwurst im Stadion verkaufen, den VIP-Bereich betreuen oder beim Sicherheitsdienst anheuern. Es geht dir darum, Fußball zu spielen? Wie wäre es, wenn du in deiner Heimat einem Verein beitrittst und einfach aus Lust und Freude kickst? Für dich steht im Zentrum, berühmt zu werden? Starte einen YouTube-Kanal oder werde Influencer*in. Beim Modeln verhält es sich ähnlich. Falls es mit dem Laufsteg nicht klappt, könntest du dein Interesse am Modeln auf vielen anderen Wegen ausleben. Es gibt immer Alternativen – dafür musst du nur wissen, worum es dir im Kern geht.

Erinnerst du dich noch an Menderes Bağci? Er hat mehrmals bei der Castingshow »Deutschland sucht den Superstar« teilgenommen, weil er für sein Leben gern singt und es sein Traum war, Sänger zu werden. Deshalb bewarb er sich Jahr für Jahr bei DSDS und wurde immer wieder aufgrund seines fehlenden Gesangstalents beim Casting abgelehnt. Er blieb hartnäckig und schaffte es in einigen darauffolgenden Jahren sogar in die zweite Runde, die Recalls, wo er aber jedes Mal ausschied. Also keine Geschichte mit Happy End? Doch. Durch seine Auftritte wurde Menderes Bağci so bekannt, dass er inzwischen als Unterhaltungskünstler in verschiedenen TV-Formaten aufgetreten ist und man ihn sogar für private Feiern und Hochzeiten buchen kann. Menderes Bağci zeigt, was durch Disziplin, Hartnäckigkeit und Durchhaltevermögen (auch ohne viel Talent) alles zu erreichen ist. Ein begnadeter Sänger ist er dadurch aber nicht geworden. Wenn es ihm darum ging, einfach nur bekannt zu werden, hat er sein Ziel trotzdem erreicht. Deshalb ist es wichtig, das Warum zu kennen, also die Motivation hinter unserem Handeln und worauf es dir wirklich ankommt.

Und falls dein Traum wirklich nicht oder jedenfalls nicht im Moment realisierbar ist – trauere ihm nicht hinterher. Das Leben hält etwas anderes für dich bereit, etwas noch viel Besseres. Dieses Mindset haben mein Freund und ich uns eingebläut, getreu dem Motto:»Am Ende wird alles gut. Und wenn es noch nicht gut ist, ist es noch nicht das Ende.«

Schritt 7: Act!

Wenn wir etwas wirklich wollen, müssen wir es auch unbedingt tun. Deshalb handelt dieses Kapitel von der Umsetzung oder anders ausgedrückt: von der Kunst, einfach anzufangen. Du hast nun verschiedene Jobideen getestet und wichtige Erkenntnisse gesammelt. Darauf aufbauend gilt es jetzt, eine Entscheidung zu treffen, wie es beruflich für dich weitergehen soll. Wirst du deinen Job kündigen und etwas anderes machen? Oder kannst du deinen jetzigen Job sinnstiftender gestalten? Vielleicht ist dir auch klar geworden, dass du im Außen gar nichts verändern musst, sondern nur deine Einstellung zu deinem Job.

Wie dein Weg auch weitergeht – es bedarf nun einer klaren Entscheidung von dir, wie du weiterverfahren möchtest, um anschließend möglichst schnell in die Umsetzung zu kommen. Ich komme noch einmal auf das Bild mit dem Auto und dem Navi zurück: Wenn du für die Verwirklichung deiner Träume nicht losfährst, kannst du dich zwar nicht verfahren, kommst aber eben auch nicht an. Und das ist letztendlich noch schlimmer, als dich mithilfe einer veralteten Karte im Navi zu orientieren, weil du gar nicht vorankommst. Außerdem sollte dir bewusst sein, dass in dem Fall, in dem du deinen beruflichen Weg nicht selbst planst, dies früher oder später jemand anderes für dich übernimmt – dann aber nicht zwangsläufig zu deinem Vorteil und nach deinen Vorstellungen.

Ich habe in den vergangenen Jahren viele, viele Menschen dabei begleitet, ihren Traumjob zu finden. Die Frage, die mich dabei schon seit Jahren beschäftigt, ist: Warum kommen die einen Menschen ins Handeln und andere nicht? Was ist das Erfolgsgeheimnis von denjenigen, die konsequent ihre Träume umsetzen und ins Machen kommen? Und warum kommen andere Menschen einfach nicht aus dem Quark und lassen Chancen ungenutzt vorüberziehen? Ich habe mich mit diesen Fragen sehr intensiv auseinandergesetzt und beobachtet, dass eine große Triebkraft die eigene Motivation ist, Veränderung auch wirklich zu wünschen. Du musst dein Ziel wirklich erreichen *wollen*. Dein Ziel muss so attraktiv für dich sein, dass du dort unbedingt ankommen möchtest. Das Wollen ist also die Initialzündung, um überhaupt ins Tun zu kommen und um sinnbildlich den Zündschlüssel im Auto umzudrehen, um den Motor zu starten. Das Wollen ist die Vision, für die es sich zu kämpfen lohnt und mit der wir auch Dinge hinnehmen, auf die wir vielleicht erst einmal keine Lust haben. Andernfalls wäre es so wie früher in der Schule, als wir keine Lust hatten, zu lernen, weil wir nicht verstanden haben, wofür wir den Lernstoff brauchen. Falls du merkst, dass bei dir der Motor stottert, musst du deine Vision noch einmal nachschärfen, sodass dein Ziel wirklich attraktiv für dich ist und du auf dem Weg zur Veränderung bleibst.

Lass uns das an einem fiktiven Beispiel mal durchgehen. Stell dir vor, du möchtest den Mount Everest besteigen. Zunächst liegt erst einmal im wahrsten Sinne des Wortes ein wahnsinnig großer Berg vor dir. Wenn du jetzt vor dem Mount Everest stehst und denkst: »Joa, ist bestimmt toll da oben, aber bestimmt auch sauanstrengend und gefährlich. Eigentlich ist es ja auch schon imposant genug, ihn von hier unten aus zu betrachten.« Was denkst du, wie wahrscheinlich wird es sein, dass du den Mount Everest wirklich besteigst? Ziemlich unwahrscheinlich, oder? Aber stell dir vor, dein Herz fängt richtig an zu klopfen, sobald du an den Aufstieg denkst, und dass du dir nichts sehnlicher wünschst, als völlig k. o. auf dem Gipfel zu stehen und die Aussicht zu genießen. Wobei dir die fast schon egal ist, du würdest es auch in Kauf nehmen, sollte es an dem Tag nebelig sein und regnen, Hauptsache, du kannst einmal in deinem Leben da oben stehen. Du gibst mir bestimmt recht, dass es mit dieser Einstellung viel wahrscheinlicher sein wird, dass du den Mount Everest wirklich besteigen wirst, oder? Deine Motivation, das Ziel wirklich erreichen zu wollen, ist also der wichtigste Antreiber, um in die Gänge zu kommen.

Danach kommt das Machen. Aus dem Wunsch heraus, etwas wirklich erreichen zu wollen, folgt der Punkt, wo wir ins Tun kommen müssen, denn sonst bleibt es immer ein Traum. Der Wunsch allein wird dich nicht auf den Gipfel bringen. Du musst auch losgehen und den ersten Schritt machen. Hier sind die meisten noch motiviert und begeben sich enthusiastisch auf den Weg. Aber die Motivation muss auch ausreichen, wenn die ersten Widerstände auftauchen. Allzu schnell geben wir sonst wieder auf. »Das funktioniert nicht«, sagen wir dann und schmeißen die Brocken hin.

EXKURS

Als mein Freund und ich Panama bereisten, habe ich genau das erlebt. Wir waren in der Altstadt von Panama City unterwegs und jemand gab uns den Tipp, dass man vom Ancon Hill einen tollen Ausblick über die Stadt und den Panamakanal hätte. Mein Freund war von der Idee begeistert, also machten wir uns auf den Weg. Dort angekommen entpuppte sich der Aufstieg als ziemlich anstrengend und mein erster Impuls war, umzudrehen und den Hügel Hügel sein zu lassen. Aber wenn mein Freund etwas angefangen hat, will er es – anders als ich – auch zu Ende bringen. Aufgeben ist für ihn keine Option, also lockte er mich weiter: »Schau mal, nur noch bis zu der Kurve dort, danach hast du es geschafft.« Pustekuchen, dem war nicht so, stattdessen zeigte sich hinter jeder Kurve ein neuer Aufstieg. Ich fluchte, was das Zeug hielt, und wäre es nach mir gegangen, wäre ich irgendwann einfach sitzen geblieben und hätte gewartet, bis er wieder runterkommt. Allein ihm zuliebe hielt ich durch und die Aussicht am Ende hat mich auf jeden Fall belohnt.

Das heißt, unsere Motivation muss so groß sein, dass wir auch dann weitermachen, wenn es mal schwierig wird und Widerstände von innen oder von außen kommen. Wäre ich an dem Tag allein gewesen, wäre ich definitiv umgedreht. Da ich aber wusste, dass der Aufstieg meinem Freund wichtig war, habe ich durchgehalten, um ihm eine Freude zu machen. Bei einem zweistündigen Ausflug funktioniert das, aber nicht bei wichtigen Lebensentscheidungen oder bei der Wahl deines Berufs. In diesen Fällen solltest du allein auf dich hören und schleunigst umdrehen, falls du merkst, dass du nicht auf dem richtigen Weg bist – aber Vorsicht: nicht aus reiner Bequemlichkeit eine Kehrtwende machen!

Zurück zu unserem Beispiel: Es kann also sein, dass du morgens ganz früh aufstehst und motiviert am Fuß des Mount Everests stehst und tatsächlich losgehst. Der Weg ist zwar schon jetzt nicht ganz ohne, aber du machst dich frohen Mutes an den Aufstieg. Plötzlich kommt Widerstand von außen, die Wetterbedingungen spielen nicht mit, es fängt an zu regnen, es stürmt oder deine körperliche Verfassung ändert sich. Das ist nun der Moment, an dem die Ersten aufgeben, wenn ihr Wollen zu schwach ist. Der Widerstand kann auch von innen kommen: Deine Motivation lässt nach, du zweifelst an deinen Fähigkeiten, den Gipfel erreichen zu können, du hast vergessen, warum du überhaupt auf den Berg wolltest, oder es wird dir einfach zu anstrengend und du wünschst dich einfach nur noch in deine Komfortzone zurück. In dem Moment entscheidet sich, wie du mit den Widerständen umgehst und welche Konsequenzen du jetzt ziehst. Drehst du direkt um und gehst zurück in deine Komfortzone oder bist du mental bereit, trotz aller Widrigkeiten weiterzugehen? Nur dann wirst du dein Ziel über kurz oder lang erreichen.

Die eigene Komfortzone zu verlassen ist immer unbequem, aber je häufiger du diesen Schritt wagst, umso einfacher wird es mit der Zeit. Deshalb empfehle ich dir, möglichst oft im Alltag aus Routinen und dem Bekannten auszubrechen und Neues zu wagen. Das übt. Das können schon Kleinigkeiten sein, wie etwa mal einen anderen Weg zur Arbeit zu nehmen als üblicherweise, du kannst ein neues Restaurant ausprobieren, allein in den Urlaub fahren, wenn du das noch nie gemacht hast, oder eine neue Sportart ausprobieren.

Die meisten Träume sind übrigens nicht so groß wie der Mount Everest. Aber in unseren Köpfen malen wir uns das oft so aus. Die berufliche Neuorientierung wird zu einem unbezwingbaren Berg in unseren Gedanken, weshalb das Mindset auch hier ein wesentlicher Erfolgsfaktor ist. Außerdem ist es wichtig, in kleinen Schritten vorzugehen und dich nicht zu überfordern.

Zusammengefasst gibt es also zwei Barrieren auf deinem Weg zum Ziel, die Marius Kursawe in seinem Buch »Berge versetzen für Anfänger« so beschreibt:[88] Die erste Barriere befindet sich an der Grenze vom Wollen zum Machen. Du kommst einfach nicht ins Tun. Du träumst von der Weltreise oder davon, dich selbstständig zu machen, aber dabei bleibt es dann auch. An dieser Barriere treffen wir Menschen, die zwar groß träumen und top motiviert sind, ein bestimmtes Ziel zu erreichen, es aber nie wirklich umsetzen. In der Metapher des Bergsteigers sind das diejenigen, die seit Jahren von ihrem großen Vorhaben und dem Gipfel reden, die aber dennoch nie einen Fuß an den Berg setzen. In der Theorie denken sie gern und ausführlich darüber nach. Vielleicht sind sie in Gedanken sogar schon mal die Route gelaufen, haben recherchiert, welche Ausrüstung man braucht und welche Jahreszeit am geeignetsten ist. Aber wirklich am Berg waren sie nie.

Wer es schafft, in die Umsetzung zu kommen, der setzt um und macht das Erreichen seines Ziels mit jedem Schritt wahrscheinlicher. Aber irgendwann treffen wir auf Widerstände und im schlechtesten Fall führen sie dazu, dass wir aufgeben und den Rückweg antreten. Hier stehen wir vor der zweiten Barriere und treffen Menschen, die mitten im Prozess plötzlich aufgeben und abbrechen. Die zweite Barriere liegt also bei der Stufe vom Machen zum Erreichen. Hier ist Durchhaltevermögen und Ausdauer gefragt.

Wenn du etwas Neues beginnst, ist es anfangs ganz normal, dass du Angst hast. Du musst einen Schritt aus deiner Komfortzone wagen und das erfordert Mut. Du musst zudem einen gewissen Grad an Ungewissheit aushalten. Denn auch der ausgetüftelste Plan kann eine Lücke aufweisen oder einen Faktor, den du vorher nicht bedacht hast. Deine Angst sollte nach und nach der Vorfreude weichen. Dein Ziel muss dich packen, attraktiv sein, dich positiv antreiben und motivieren. Dafür brauchst du eine bildliche Vorstellung deiner Vision – du musst deine Zukunft vor deinem inneren Auge vor dir sehen.

Manchmal haben wir dabei zwei widersprüchliche Stimmen im Kopf. Wie im Lied von den Fantastischen Vier sitzt auf der einen Schulter der Engel, der uns überzeugen möchte, unsere Idee umzusetzen, und auf der anderen Seite der Teufel, der uns ein schlechtes Gewissen macht. Wir möchten das Ziel einerseits unbedingt erreichen, aber wir nehmen auch eine oder mehrere Gegenstimmen wahr, die wie ein Hemmschuh wirken. Diese Stimmen sollten wir durchaus ernst nehmen, sie werden metaphorisch als Inneres Team bezeichnet. Das Persönlichkeitsmodell des Inneren Teams stammt von dem deutschen Psychologen Friedemann Schulz von Thun und wird gern im Coaching eingesetzt. Ziel ist es, alle Stimmen anzuhören und ernst zu nehmen, um eine Balance aller inneren Anteile in uns zu finden.[89] Wenn wir unentschlossen sind, liegt es also an unserer inneren Pluralität und daran, dass unsere inneren Stimmen sich nicht einig sind.

Stell dir vor, du träumst von einer Weltreise. Der oder die Abenteuerlustige in dir möchte die Welt entdecken und so viele Länder wie möglich bereisen. Aber es gibt eben auch eine andere Stimme in dir, die skeptisch ist – nennen wir sie die Nachhaltige. Sie will nicht so viel fliegen, um die Umwelt zu schonen, und unterstützt die Idee der Weltreise nicht. Die beiden Stimmen in dir führen dazu, dass du innerlich zerrissen bist. Den Traum der Weltreise zugunsten der Umwelt ad acta legen oder egoistisch sein? Ein Dilemma, das durch das bekannte Entweder-oder-Denken noch erschwert wird. Aber auch hier gibt es schließlich Kompromisse. Die Frage, die du dir stellen solltest, sollte nicht lauten »Weltreise oder Nachhaltigkeit?«, sondern »Wie kann ich möglichst nachhaltig die Welt entdecken?«. Merkst du den Unterschied? Durch die veränderte Fragestellung wird es dir ermöglicht, kreativ an die Entscheidung heranzugehen. Kannst du einen Großteil der Route vielleicht mit dem Zug zurücklegen und nur im Notfall fliegen? Kommt für dich die Idee infrage, im Gegenzug Bäume zu pflanzen oder eine CO_2-Kompensation zu bezahlen? Vielleicht kannst du dich auch auf der Weltreise vegan ernähren, um deinen ökologischen Fußabdruck dadurch zu minimieren? Du siehst. Abseits von Entweder-oder-Mustern ist es uns möglich, Kompromisse zu entwickeln.

Was würde andererseits passieren, wenn du ein Teammitglied komplett ignorieren würdest? Die Abenteuerlustige würde wahrscheinlich mit einem permanent schlechten Gewissen reisen oder ziemlich unzufrieden werden, solltest du die Nachhaltige komplett unterdrücken. Dann ginge dir schnell die Freude verloren und es würde krampfig, andersherum ist es ebenso. Ignorierst du die Abenteuerlustige, ist es möglich, dass du zum Moralapostel wirst und jede Person beneidest oder gar verurteilst, die auf Reisen geht. Die Nichterfüllung der eigenen Bedürfnisse kann ziemlich frustrieren und auf Dauer krank machen. Das Innere Team hilft dir dabei, all deine Bedürfnisse zu sehen und gute Kompromisse zu finden.

Du kannst dir das Modell des Inneren Teams auch für eine andere Sache abgucken. Stell dir ein inneres Expertenteam mit deinen Vorbildern zusammen, egal ob Superman, Lara Croft, James Bond, der Dalai Lama oder wen auch immer du toll findest. Nimm sie in dein inneres Expertenteam auf und ziehe sie bei Entscheidungen zurate. Immer wenn ich z. B. merke, dass ich zögerlich und eher ängstlich bin, denke ich an Pippi Langstrumpf und frage mich: Was würde Pippi jetzt tun?

Und auch die Emotionen spielen eine Rolle. Wenn ich abnehmen möchte und eine Diät mache, macht das anfangs keinen großen Spaß. Sobald aber die ersten Kilos gepurzelt sind und ich mich besser fühle, kommt die Motivation bei den meisten von uns ganz von selbst. Nicht umsonst lautet ein beliebter Spruch: »Nichts schmeckt so gut, wie schlank sein sich anfühlt.«[90] Diesen Effekt können wir uns zunutze machen. Am Anfang wird sich deine berufliche Neuorientierung noch mühsam anfühlen. Aber sobald du die ersten kleinen

Schritte unternommen und Erfolgserlebnisse gesammelt hast, wirst du dich umso selbstbewusster fühlen.

***

Menschen haben mich schon oft für meinen Mut bewundert. Zweimal habe ich eine unbefristete Stelle bei einem DAX-Konzern gekündigt, ich bin mit dem Rucksack allein auf Weltreise gegangen und ich habe mich selbstständig gemacht. Ich selbst fand mich bei all dem ehrlich gesagt gar nicht mutig. Für mich war es jeweils stets der nächste logische Schritt. Ich kann nicht immer darüber jammern, dass ich so gern die Welt entdecken würde, und doch in einem Job bleiben, der mich nicht erfüllt. Ich habe mich schon früh gefragt, wie es wäre, wenn ich nicht kündige und keine Weltreise mache, ob ich dann eines Tages voller Bedauern zurückblicken würde. Ja! Diese Antwort lag klar und ohne Zweifel in mir. Wie hätte ich danach nicht ins Handeln kommen können? Zumal mir bewusst war, dass ich mir das nie verzeihen würde. Ich fand es deshalb geradezu absurd, nicht das zu machen, was ich wollte. Ich möchte nicht leichtsinnig mit meiner eigenen Lebenszeit umgehen, und du solltest das auch nicht.

Aber was ist, falls du es dir einfach nicht leisten kannst, deinem Traum von einer Weltreise nachzugehen? Prüfe: Kannst du es wirklich nicht? Oder bist du bloß zu bequem, um auf deine alltäglichen Annehmlichkeiten und deinen Standard zu verzichten?

Ich habe in Hostels mit sechzig Betten in einem Zimmer und Gemeinschaftsbad geschlafen. Ich habe wochenlang ausschließlich Nudeln mit Tomatensoße gegessen und Toastbrot. Und selbst wenn du es dir aktuell wirklich nicht leisten kannst, was kannst du dir leisten? Vielleicht ist eine einjährige Weltreise nicht drin, aber vielleicht drei Monate? Oder wann kannst du es dir denn leisten? Auf was kannst du heute verzichten, um das Geld dafür zu sparen? Der tägliche Coffee to Go, der mit 2,50 Euro am Tag zu Buche schlägt? Das neueste iPhone? Die Jeans für 200 Euro? Und wie lange dauert es, bis du so genügend Geld zusammengespart hast? Weißt du eigentlich, was dein Traum kosten würde? Meistens heißt es »Wenn ich Millionärin wäre, würde ich ...«, wir malen uns aus, was wäre, wenn wir eine Million Euro im Lotto gewinnen würden. Für die meisten Träume braucht es aber gar keine Million. Das hat auch Meike Winnemuth herausgefunden, die vor einigen Jahren bei der Quizsendung »Wer wird Millionär« eine halbe Million gewonnen hat und ein Jahr auf Reisen gegangen ist. Ihr Fazit am Ende: Den Gewinn hätte sie dafür eigentlich gar nicht gebraucht.[91]

❶ Tipps zum Durchhalten:

1. Visualisiere: Umso detaillierter du dein Ziel vor dir siehst, umso besser. Nutze die Kraft der Vision und erstelle dir z. B. ein Visionboard. Ein Visionboard ist eine Bildcollage, die die eigenen Wünsche und Träume visualisiert und deine Motivation unterstützt.

2. Berate dich: Stell dir ein Expertenteam zusammen, auf das du im Zweifel zurückgreifen kannst – entweder im realen Leben oder in deiner inneren Welt.

3. Plane: Erstell dir einen guten Plan – in kleinen Schritten.

Fazit: Los geht's!

Viele Menschen, die ihr Leben auf den Kopf gestellt haben, hatten dafür zuvor einen Auslöser: die Diagnose einer schweren Krankheit, den Tod eines geliebten Menschen, die Kündigung im Job. Plötzlich wacht man auf und nimmt sein Leben in die Hand. Voller Tatendrang stürzen wir uns dann in die Veränderung, weil wir der Auffassung sind, dass es so wie bisher nicht weitergehen kann. Das ist doch bemerkenswert: Wir schaffen es, Veränderungen anzupacken, obwohl es uns mental und körperlich nicht gut geht. Dazu sollten wir doch eigentlich auch ohne existenzielle Erschütterung in der Lage sein. Warum braucht es häufig erst einen Weckruf von außen? Warum startest du nicht einfach jetzt sofort, wenn du merkst, dass du nicht glücklich bist und keinen Sinn in deiner Arbeit siehst?

Zum Warten haben wir längst keine Zeit mehr. Unsere Gesundheit steht auf dem Spiel, unser Planet, die Artenvielfalt und unsere Freiheit. Fakt ist: Je früher wir mit der sinnlosen Arbeit aufhören, umso schneller wird unsere Welt zu einem besseren Ort. Und das wünschen wir uns doch alle. Noch einmal neu anzufangen ist möglich, egal in welchem Alter, ob in den Zwanzigern, mit Mitte vierzig oder kurz vor Rentenbeginn. Für einen Neustart ist es nie zu spät und es gibt viele wundervolle Vorbilder, die uns dies beweisen. Greta Silver z. B., die mit sechzig Jahren Model wurde und mit 66 Jahren ihren eigenen YouTube-Kanal startete. Ich durfte mit ihr ein Podcast-Interview führen und war sehr beeindruckt von ihrer positiven Lebenseinstellung. Auf ihrer Website schreibt sie, dass sie die

Welt vom Grauschleier des Alters befreien möchte.[92]
Welch wunderbares Warum! Wie oft denken wir
schließlich, dass wir schon zu alt sind, um noch einmal neu anzufangen. So ein Quatsch! Eine Aussage
von Greta Silver hat mich besonders nachdenklich gemacht. Sie sagt, die Zeit von sechzig bis neunzig ist
genauso lang wie die Zeit von dreißig bis sechzig. Wow,
wie recht sie hat. Wenn man sich dies immer wieder
vor Augen führt, weiß man, dass das Alter tatsächlich
keine Rolle spielt.

Also, worauf wartest du noch? Du kannst nur gewinnen. Denn mal ehrlich: Das Schlimmste, was dir
passieren kann, ist doch, dass du eines Tages in deinem Schaukelstuhl sitzt und bereust, dass du nicht
für deine Träume losgegangen bist. Ich werde oft gefragt, ob ich keine Angst hatte, mich selbstständig zu
machen. Natürlich hatte ich die. Ich hatte Angst, zu
versagen, nicht gut genug zu sein, habe mir Sorgen darüber gemacht, was andere denken und was ist, falls
ich mit der Idee scheitere. Aber ich wusste tief in mir
drinnen, dass es das Richtige für mich ist, ich es versuchen muss und es bereuen würde, sollte ich es nicht
tun. Als ich die Idee zu meiner Selbstständigkeit hatte,
war ich noch angestellt und konnte es nach Feierabend
kaum erwarten, nach Hause zu kommen, zu groß war
die Vorfreude, weiter an meinem Traum zu arbeiten.
Abend für Abend saß ich noch vor dem Laptop und
habe an meinem Konzept gefeilt. Ich war im Tunnel,
im Flow. In dieser Phase gibt es keine Ausreden. Man
macht einfach und ist bereit, dafür auf andere Dinge zu
verzichten. Man sucht keinen Vorwand, jetzt nicht zu
arbeiten, man will arbeiten. Du hast keine Zeit? Dann
priorisiere deine To-dos neu.

Übrigens kannst du die sieben Schritte jederzeit anwenden, falls du merkst, dass sich abermals eine leichte Unzufriedenheit einschleicht. Überprüfe, wo du stehst, wer du bist, was du willst. Werte können sich ändern. Bedürfnisse können und dürfen sich ändern. Es ist normal, dass du andere Erwartungen an einen Job hast, wenn du Single und ungebunden bist oder gerade eine Familie gegründet hast. Das Gute an den sieben Schritten ist, dass sie dir ein Leben lang wie ein innerer Kompass weiterhelfen. Na klar, ändern sich manche Dinge. Aber mit ihnen hast du jederzeit das Handwerkszeug parat, um bei Unzufriedenheiten anzusetzen und an einzelnen Punkten deines Lebens nachzujustieren. Mit regelmäßigem Reflektieren wirst du zusehends geübter darin werden, schnell zu sehen, wo es Anpassungsbedarf gibt, also was du tun musst, um deine Zufriedenheit zu halten oder wieder zu erhöhen.

Der Weg zu einem sinnstiftenden Job beginnt damit, dass du weißt, was du willst und was dich erfüllt. Anschließend geht es darum, diesen Job zu bekommen. Mit einer guten Strategie ist dies kein Problem, glaube mir. Gehe dabei am besten wie ein Start-up vor, das ein neues Produkt auf den Markt bringt. Lege deine Qualifikationen und Stärken möglichst genau fest und beschreibe, welche Probleme du mit ihnen lösen kannst. Dabei solltest du immer im Blick haben, wer diese Probleme hat und wo du am besten dazu beitragen kannst, sie zu lösen. Möchtest du beispielsweise bei einem Konzern arbeiten, in einem alteingesessenen Familienbetrieb oder in einem Start-up? Vielleicht möchtest du auch bei einer Stiftung, einem Thinktank, in der Politik oder im öffentlichen Dienst dein Geld verdienen oder dich selbstständig machen oder ein Unternehmen gründen. Das ist wichtig zu wissen, denn darauf aufbauend solltest du deine Bewerbungsstrategie oder, im Falle einer Gründung, deinen Businessplan ausrichten.

Noch einige Worte zum Schluss: Eine berufliche Veränderung ist immer ein Prozess mit Höhen und Tiefen. Im Job ist es so wie mit einer guten Beziehung. Auch da ist nicht ununterbrochen alles rosig, aber das große Ganze stimmt. Am Anfang sind wir verknallt und haben Schmetterlinge im Bauch. Wir finden alles an dem anderen toll und sind vom Gegenüber vollkommen begeistert. Nach und nach verliert die rosarote Brille ihre schmeichelhafte Tönung. Mit der Zeit sehen wir die Schwächen. Plötzlich stören uns Kleinigkeiten, die wir anfangs vielleicht noch ganz süß fanden. Das Geheimnis einer erwachsenen Beziehung ist es, diese Phase zu meistern und das in den Mittelpunkt zu stellen, was wir am Gegenüber schätzen, und die Kleinigkeiten, die uns stören, Kleinigkeiten sein zu lassen und die andere Person nicht verändern zu wollen. Was danach bleibt, ist die Liebe.

So ist es auch im Job. Wenn du deine Arbeit wirklich liebst, wirst du auch die eine oder andere Schattenseite in Kauf nehmen. Zugegeben, zeitweise kann das schwierig sein. Besonders falls man schon seit einigen Jahren in einem Job ist und sich eine gewisse Bequemlichkeit eingeschlichen hat. Jetzt einen Jobwechsel zu wagen, ist mutig. Das Einstiegsgehalt in dem neuen Job ist vielleicht niedriger, du musst möglicherweise vorübergehend auf einige Annehmlichkeiten verzichten und das Umfeld zieht kritisch die Augenbrauen hoch. Es kann sein, dass dich in einem solchen Fall das

Gefühl packt, die anderen seien schon weiter und du selbst machst einen Schritt zurück. Dieser Eindruck täuscht: Mehr Sinn in die eigene Arbeit zu bringen und die Welt für uns alle besser zu machen, ist niemals ein Rückschritt, allerdings immer ein großer Sprung nach vorn.

Dennoch gibt es auch im Traumjob Tage, an denen du auf die Arbeit keine Lust haben wirst oder die langweilige Routineaufgaben beinhalten. Aber sie sind weitaus seltener als in einem Job, der nicht zu dir passt, und deutlich leichter durchzuhalten, sobald man eine Leidenschaft für seinen Beruf hat. Falls du ausschließlich das Negative an deinem Job siehst, solltest du dich beruflich verändern. Dann zieh lieber weiter und suche dein Glück woanders.

Der Strukturwandel in der Arbeitswelt macht es leicht, sich neu zu orientieren. Die Zeichen stehen gut, also nutze sie. Das Ziel unseres Lebens ist nicht, in einem Job auszuharren, der nicht zu uns passt, sondern, wie John Strelecky sagt, möglichst viele Museumstage zu sammeln.[93] Museumstage sind die Tage im Leben, die uns im Gedächtnis bleiben und die es wert sind, festgehalten zu werden. Wenn du an deinem neunzigsten Geburtstag gefragt wirst, wie dein Leben war, auf welches Leben möchtest du zurückblicken? Was würdest du für erzählenswert halten? Wir verbringen so viel Zeit bei der Arbeit, dass es zu schade wäre, diese Museumstage nur im Privaten zu suchen. Deshalb wünsche ich dir, dass du einen Beruf findest, der dir Spaß macht, der dich erfüllt und dir viele lebenswerte und unvergessliche Momente schenkt.

»[J]edem Anfang wohnt ein Zauber inne«, formulierte es Hermann Hesse einmal.[94] Und genau auf diesen Zauber solltest du dich fokussieren. Genieße deine Reise in ein neues, besseres Leben und diesen anfänglichen Zauber. Ich würde mich freuen, irgendwann von deiner Erfolgsstory zu lesen. Wie lange deine berufliche Neuorientierung dauert, ist irrelevant. Die Hauptsache ist, dass du dich auf den Weg machst.

SEI MUTIG UND ZUVERSICHTLICH – EIN PLÄDOYER

Obwohl es nicht immer so scheint: Unsere Zukunft ist nicht so finster, wie es manchmal scheint, und wir haben allen Grund zur Hoffnung! Der in vielen Bereichen lange überfällige Wandel ist schon jetzt deutlich spürbar und es gibt viele fantastische Vorbilder, die täglich darum kämpfen, die Welt für uns alle besser zu machen. Im Privaten tut sich was und auch in Gesellschaft, Politik und Arbeitswelt.

In vielen Vorstandsetagen rückt die Sinnfrage zunehmend ins Zentrum – und zwar nicht nur aus Image- und PR-Gründen, sondern aus Überzeugung, dass unser auf fortwährendes Wachstum ausgerichtetes Wirtschaftssystem auf Kosten anderer und von Ressourcen in dieser Form keine Daseinsberechtigung mehr hat. Der britische Unternehmer und Investor Ronald Cohen schlägt in seinem Buch »Impact« deshalb eine Wende vom reinen Kapitalismus zum Impact-Kapitalismus vor. Aus seiner Sicht muss der Impact in den Mittelpunkt unseres Handelns gerückt werden und er ist überzeugt davon, dass es möglich ist, gleichzeitig wirtschaftlich erfolgreich zu sein und dabei etwas Gutes zu tun.[95]

Genau diese Sicht ist es, die uns gesellschaftlich langfristig weiterbringen wird: Sowohl-als-auch zu denken statt in Entweder-oder. Wir müssen überlegen, wie sich wirtschaftlicher Erfolg mit dem Allgemeinwohl verbinden lässt. Die Leitfrage in der Wirtschaft darf nicht mehr lauten:»Wie erziele ich möglichst viel Gewinn?« Stattdessen muss gefragt werden:»Wie erziele ich Gewinn und mache gleichzeitig die Welt besser?« Der Blick auf die Wirtschaftlichkeit und auf die Sinnhaftigkeit sollte also gleichwertig sein. Genau das macht meine Generation vor, die auf andere oft widersprüchlich wirkt. Wir möchten frei sein und uns nicht festlegen, aber trotzdem einen Plan und Stabilität haben. Wir möchten im Job erfolgreich sein und trotzdem unser Leben für den Job nicht aufgeben. Wir möchten eine gesunde und nachhaltige Welt haben und diese trotzdem entdecken dürfen. Kurz gesagt: Wir möchten auf nichts verzichten und von allem das Beste haben – warum auch nicht? Niemand sagt, dass wir uns zwischen den Dingen entscheiden müssen, wir dürfen – wo es machbar ist – alles miteinander verbinden. Wie uns das gelingen kann, ist allerdings die Frage, die wir für uns lösen müssen. Erst dieser nicht einschränkende Blick auf die Welt setzt kreatives Potenzial frei.

Dass vieles möglich ist, zeigt auch das Ergebnis des World Happiness Reports aus dem Jahr 2021.[96] Deutschland ist im Jahr 2021 im weltweiten Vergleich der glücklichsten Länder von Platz 15 auf den siebten Platz vorgerückt. Wow, welch ein riesiger Sprung innerhalb eines Jahres und noch dazu während einer Pandemie! Das zeigt, was in kurzer Zeit alles möglich ist, und gibt uns zurecht Grund zur Hoffnung. Obwohl die Pandemie für die Wirtschaft und für Einzelne gravierende Folgen hatte, offenbart dieser Satz im Ranking, wie wertvoll es ist, manchmal auf die Pausentaste zu drücken. Erst dann finden wir Zeit, uns zu besinnen, was im Leben wirklich wichtig ist; uns bewusst zu machen, was alles schon da ist, und uns auch zu überlegen, wie es noch schöner sein könnte, und Gewohnheiten zu hinterfragen. So haben viele von uns die Lockdowns genutzt, mehr in sich reinzuhorchen, und gleichzeitig gemerkt, wie wichtig es ist, zusammenzuhalten und näher zusammenzurücken. Der Konsum und die »Höher, schneller, weiter«-Mentalität trat dabei automatisch in den Hintergrund. Viele von uns sehnten sich plötzlich wieder nach der Natur und nach einem Garten, weshalb in den nächsten Jahren vermutlich wieder mehr Menschen aufs Land ziehen werden als in den vergangenen Jahren – der Vormarsch des Homeoffice macht es möglich.

Ob Stadt oder Land: Die Verbindung zur Natur ist wichtig. Je verbundener wir mit der Umwelt sind, umso schonender gehen wir mit ihren Ressourcen um und umso schneller findet ein Umdenken statt. Dazu gehört unser Konsumverhalten genauso wie unsere Ernährung. Ein grundsätzlicher Wandel ist auf diesem Gebiet bereits im vollen Gang. Fleischersatzprodukte, die eine deutlich bessere Klimabilanz haben als Fleisch, erobern die Supermarktregale und in zunehmendem Maß sprießen vegane Restaurants aus dem Boden. Immer mehr Gründer*innen nehmen sich der Sache an und entwickeln klimafreundliche Nahrungsalternativen und treiben die Zero-Waste-Kultur voran, um den Müllabfall und insbesondere den Plastikverbrauch zu reduzieren.

Einer zunehmenden Anzahl von Menschen ist bewusst, dass wir in einer Welt mit begrenzten Ressourcen nicht mit einem Wirtschaftssystem weitermachen können, das auf unbegrenztes Wachstum und kurzfristige Gewinnmaximierung ausgelegt ist. Wir brauchen stattdessen eine Wirtschaft, die nicht bloß den Menschen, sondern auch die Natur und alle ihre Lebewesen in den Mittelpunkt stellt. Wir haben Tausende von Möglichkeiten, unsere Welt anders und besser zu gestalten. Es ist unsere Pflicht, diese zu nutzen. Sie ungenutzt zu lassen wäre unverantwortlich gegenüber unseren Nachfolgegenerationen, aber auch gegenüber uns selbst.

Die Vergangenheit zeigt, dass Wandel und Umbruch jedes Mal auch eine große Chance für Verbesserungen sind und diese häufig schneller gehen, als wir ursprünglich dachten. Weil ein wirklicher Wandel, wie Forscher*innen herausgefunden haben, nicht linear verläuft, sondern eine eigene Dynamik hat.[97] Was heute noch als unvorstellbar gilt, wird schon morgen Realität sein. Vor allem dann, wenn wir als Gesellschaft alle an einem Strang ziehen. Am Anfang wird es Skeptiker*innen und Widerständler*innen geben, und aus der Vergangenheit wissen wir, dass es nicht reicht, wenn sich lediglich vereinzelt Leute auf den Weg machen. Aber schon eine kritische Masse ist ausreichend, um eine gesellschaftliche Wende einzuleiten. Eine kleine, engagierte Minderheit kann in sehr kurzer Zeit diese sozialen Kipppunkte anstoßen. Der Frage, wie viele Menschen es braucht, um in zentralen Fragen einen radikalen Kurswechsel in der Gesellschaft und Politik anzustoßen, ist Erica Chenoweth, Politikwissenschaftlerin und Harvard-Professorin, nachgegangen. Sie kam zu dem überraschenden Ergebnis, dass schon etwa 3,5 % der Bevölkerung ausreichen, um ein gesellschaftliches und politisches Umdenken zu bewirken.[98] Das sind nicht viele. Wenn wir wirklich einen Unterschied machen möchten, brauchen wir also Menschen, die vorangehen, und wir brauchen zwischen den Generationen und Gesellschaftsgruppen einen gemeinsamen Konsens, wo unsere Reise hingehen soll. Also nicht jung gegen alt, der globale Süden gegen den globalen Norden oder arm gegen reich. Konsens heißt, dass wir in die gleiche Richtung blicken und auf Basis gemeinsamer Werte agieren und vor allem auch wieder eine gesunde Streitkultur entwickeln – ohne Hass und

Hetze; das heißt nicht, dass wir uns alle in sämtlichen Entscheidungen einig sein müssen, aber dass wir alle gemeinsam in eine Zukunft blicken wollen, in der die Klimakrise der Vergangenheit angehört genauso wie extreme Armut und Hungersnot.

Dafür sollten wir endlich Verantwortung übernehmen und Lösungen diskutieren, anstatt über die Probleme zu jammern. Du musst dafür nicht missionarisch unterwegs sein und andere mit aller Kraft überzeugen wollen. Was du aber tun kannst, ist anzufangen, Vorbild zu sein und mit gutem Beispiel voranzugehen, sodass andere sehen, was möglich ist. Wenn du nur eine einzige Person aus deinem Umfeld dazu inspirierst, auch etwas zu verändern, ist viel erreicht. Es beginnt bei deiner inneren Haltung und bei den Entscheidungen, die du täglich triffst. Oft fühlen wir uns wie ein kleines Rädchen im Getriebe, aber das macht uns nicht weniger bedeutsam. Bedenke, dass schon ein kleines Sandkörnchen zu Störungen führen kann. Deshalb sollten wir uns trauen, einen Unterschied zu machen, die Initiative zu ergreifen und mitzugestalten. Wir sind jetzt aufgefordert, uns wichtigen Fragen zu widmen, die wir uns jahrzehntelang nicht getraut haben zu stellen. Wir müssen unseren Status quo radikal hinterfragen und gemeinsam diskutieren, wie es besser gehen kann. Schöner. Bunter. Respektvoller. Sprich: lebenswerter. Lange genug haben wir Grenzen gesetzt, wo in Wahrheit keine sind. Wir müssen uns wieder erlauben, uns eine Zukunft auszumalen, die uns ein Lächeln ins Gesicht zaubert.

Lass dich von dem Wandel der Zeit und der Disruption anstecken und trau dich, auch dich selbst zu verändern und immer wieder neue Wege zu beschreiten. Die nächsten Jahre werden von einem tief greifenden Wandel geprägt sein und uns einiges abverlangen. Aber es wird sich lohnen. Es heißt, der Weg schiebt sich dem Gehenden unter die Füße. Das bedeutet, dass das Leben für dich ist und dich unterstützt, sobald du losgehst, um deine Vision zu erreichen. Ganz gleich, wo du eine Möglichkeit siehst, etwas mit deinem Potenzial beizutragen und einen Mehrwert zu bieten, tu es und mach einen Unterschied! Wir haben den klaren Auftrag, die Welt lebenswert zu gestalten. Für uns und für unsere Nachfolgegenerationen. Nehmen wir die Sache in die Hand. Wenn nicht jetzt, wann sonst? Wenn nicht wir, wer dann?

Dass es zu diesem Buch kommen konnte, verdanke ich vielen wundervollen Wegbegleiter*innen, die mich inspiriert und mir ermöglicht haben, meine ganz eigene berufliche Bühne zu finden, die mich heute sehr erfüllt und die sich im Flow des Lebens immer wieder wandeln darf.

Mein Dank gilt zunächst meinen hervorragenden und von mir sehr geschätzten Ausbilder*innen. Ich danke Prof. Dr. Manuel Tusch vom Institut für Angewandte Psychologie in Köln, der die Grundlage meiner Coachinglaufbahn legte. Weiterhin möchte ich Dr. Petra Bock von der renommierten Dr. Bock Coaching Akademie in Berlin danken, durch die ich angeregt wurde, mein eigenes Denken und meine eigene Haltung auf den Kopf zu stellen, wodurch ich meine Coachingexpertise auf ein ganz neues Level heben konnte. Mein Dank gilt außerdem Kara Pientka, die mir in einem Democoaching gezeigt hat, welche Wirkung erstklassiges Coaching in der Praxis hat, und mich mit ihrem außergewöhnlichen Talent und ihrem Sinn für Humor sehr beeindruckt hat.

Ute Flockenhaus möchte ich dafür danken, dass sie an meine Buchidee geglaubt hat und sofort Feuer und Flamme war, mich bei meinem Kindheitstraum zu unterstützen. Imke Heuer danke ich für die sehr herzliche Zusammenarbeit und die vielen guten Impulse! Auch Tanja Oldach und Tobias Hock möchte ich für schon seit mehreren Jahren bestehende und vertrauensvolle Zusammenarbeit danken.

Es gibt Chef*innen, die hat man halt, und es gibt Chef*innen, an die denkt man auch nach vielen Jahren noch dankbar zurück. Angelina Braun, Daniela Aiudi, Thomas Seib, Renate Bork-Brücken, Carmine Cornacchione und Marita Koch gehören eindeutig zu der zweiten Kategorie. Sie alle haben mir vorgelebt, wie moderne und wertschätzende Führung funktioniert, und mich gefördert. Herzlichen Dank dafür!

Einen großen Dank auch an meine Coachingkolleg*innen. Allen voran Jana Kielwein, die inzwischen vielmehr Freundin als Kollegin ist und mich immer wieder inspiriert und mir als wertvolle Sparringspartnerin zur Seite steht, ganz gleich, wann ich sie brauche. Und nicht zu vergessen meine Mastermind-Kolleg*innen Silvia, Petra und Stefan. Einfach weil ... Ihr wisst schon. Außerdem danke ich all meinen Freund*innen und meinen Mädels vom Buchclub für die vielen tiefgründigen und wertvollen Gespräche.

Ein großer Dank gilt natürlich auch all meinen Klient*innen. Durch euer Vertrauen in meine Arbeit war es mir erst möglich, einen solch großen Erfahrungsschatz zu sammeln. Vielen Dank dafür!

Andreas. Schon als kleines Mädchen habe ich zu dir aufgeschaut. Auch, wenn wir in vielen Dingen verschieden sind, bist und bleibst du der beste Bruder der Welt.

Meinen Eltern. Für alles. Es lässt sich nicht in Worte fassen, was ihr mir bedeutet.

Markus. Mein Lieblingsmensch. Danke, dass du mein Leben jeden Tag bereicherst und an meiner Seite bist. Es ist so schön, mit dir in dieselbe Richtung zu blicken, und ich freu mich auf alles, was noch kommt.

Quellen

Berger, Roland (2018). Das Prinzip »Purpose«. Unternehmen brauchen einen Sinn, 09.07.2018. https://www.rolandberger. com/de/Insights/Publications/Das-Prinzip-Purpose.html (Zugriff: 21.06.2022).

Bitzer, Andrea Juliane (2021). Green Rebels. Frauen und ihr Traum von einer besseren Welt. Hamburg: HarperCollins.

Bock, Petra (2020). Der entstörte Mensch: wie wir uns und die Welt verändern. Warum wir nach dem technischen jetzt den menschlichen Fortschritt brauchen. München: Droemer.

Bock, Petra (2015). Mindfuck Job. So beenden Sie Selbstblockaden und entfalten Ihr volles berufliches Potenzial. München: Knaur.

Böhm, Andrea (2021). Der Planet vs. Bolsonaro. Eine Kolumne von Andrea Böhm. ZEIT online, 14.10.2021. https://www.zeit.de/ politik/ausland/2021-10/brasilien-jair-bolsonaro-istgh-anzeige-allrise-amazonas-abholzung-klimaschutz (Zugriff: 17.06.2022).

Bregman, Rutger (2017). Utopien für Realisten. Die Zeit ist reif für die 15-Stunden-Woche, offene Grenzen und das bedingungslose Grundeinkommen. Reinbek bei Hamburg: Rowohlt.

Breidenbach, Joana, Rollow, Bettina (2019). New Work needs Inner Work (2. Aufl.). München: Vahlen.

Bundesministerium für Ernährung und Landwirtschaft (2022). Lebensmittelabfälle in Deutschland: Aktuelle Zahlen zur Höhe der Lebensmittelabfälle nach Sektoren. https://www. bmel.de/DE/themen/ernaehrung/lebensmittelverschwendung/studie-lebensmittelabfaelle-deutschland.html (Zugriff: 21.07.2022).

Cascio, Jamais (2020). Facing the age of chaos. https://medium. com/@cascio/facing-the-age-of-chaos-b00687b1f51d (Zugriff: 25.05.2022).

Chenoweth, Erica, Stephan, Maria J. (2012). Why civil resistance works. The strategic logic of nonviolent conflict. New York: Columbia University Press.

Cohen, Ronald (2021). Impact. Ein neuer Kapitalismus für echte Veränderungen. Kulmbach: Plassen.

Csíkszentmihályi, Mihály (2014). Flow im Beruf. Das Geheimnis des Glücks am Arbeitsplatz. Stuttgart: Klett-Cotta.

Curse (2018). Song »Achterbahn/Riesenrad«. Album: Die Farbe von Wasser. Indie Neue Welt (Groove Attack).

Destatis (2021). Anteil von Menschen im Rentenalter, die erwerbstätig sind, hat sich binnen 10 Jahren verdoppelt. Pressemitteilung Nr. N 041 vom 24. Juni 2021. https://www.destatis.de/DE/Presse/Pressemitteilungen/2021/06/PD21_N041_12.html (Zugriff: 30.05.2022).

Dettling, Daniel (2021). Eine bessere Zukunft ist möglich. Ideen für die Welt von morgen. München: Kösel.

Drucker, Peter (1959). Landmarks of tomorrow. A report on the »post-modern« world. New Jersey: Transaction Publishers.

Eschli, Ingmar, Benne, Elmar (2022). Was ist eine Workation? https://www.workation.de/was-ist-eine-workation/ (Zugriff: 29.06.2022).

Flecker, Jörg (2017). Arbeit und Beschäftigung. Eine soziologische Einführung. Wien: facultas.

Gabriel, Sigmar (2018). Zeitenwende in der Weltpolitik. Mehr Verantwortung in ungewissen Zeiten. Freiburg i. Breisgau: Herder.

Gallup (2021). Engagement Index Deutschland 2021. https://www.gallup.com/de/engagement-index-deutschland.aspx?elqTrackId=d2630c1c7c714aa1a9ddaoaee53fae14&elq=73d076188b4 4433e96dbbb455add1d6e&elqaid=5250&elqat=1&elqCampaignId= (Zugriff: 24.05.2022).

Gartner, Hermann, Stüber, Heiko (2019). Strukturwandel am Arbeitsmarkt seit den 70er Jahren. Arbeitsplatzverluste werden durch neue Arbeitsplätze immer wieder ausgeglichen.

IAB-Kurzbericht – Aktuelle Analysen aus dem Institut für-
Arbeitsmarkt- und Berufsforschung, 13/2019. https://doku.
iab.de/kurzber/2019/kb1319.pdf (Zugriff: 22.06.2022).

Graeber, David (2018). Bullshit Jobs. Vom wahren Sinn der Arbeit.
Stuttgart: Klett-Cotta.

Gründerplattform (2022). https://gruenderplattform.de/green-
economy/ecopreneurin (Zugriff: 27.06.2022).

Handelsblatt (2021). In diesen Städten sind die Mieten pro
Quadratmeter am höchsten (28.04.2021). https://www.handels-
blatt.com/finanzen/immobilien/mietpreise-in-deutsch-
land-in-diesen-staedten-sind-die-mieten-pro-quadratmeter-
am-hoechsten/25430390.html?ticket=ST-7028795-gN2
Z91xW4iMLbsUi3lvi-cas01.example.org (Zugriff: 02.06.2022).

Hecking, Mirjam (2021). Deutschland fällt in Digital-Ranking
auf vorletzten Platz Europas. Manager Magazin, 02.09.2021.
https://www.manager-magazin.de/politik/digitalisierung-
deutschland-in-ranking-auf-vorletztem-platz-in-europa-a-
f0a7ef16-8903-4d9a-90c8-f72d732b8b9c (Zugriff: 17.06.2022).

Heske, Ralf (2020). 4 Fragen, die alles verändern: Das große Praxisbuch für *The Work* nach *Byron Katie*. München: Gräfe und
Unzer.

Heuberger, Sarah (2020). Keine Änderung in Sicht – die Startup-Sze-
ne bleibt männlich. https://www.businessinsider.de/gruender-
szene/business/female-founders-monitor/ (Zugriff: 30.05.2022).

Hielscher, Henryk, Steinkirchner, Peter, Kiani-Kreß, Rüdiger (2020).
Image in Gefahr. Für diese Unternehmen wurde Corona zum
Charaktertest. Wirtschaftswoche, 17.12.2020. https://www.
wiwo.de/unternehmen/dienstleister/image-in-gefahr-fuer-die-
se-unternehmen-wurde-corona-zum-charaktertest/26727698.
html (Zugriff: 02.06.2022).

Horx, Matthias (2017). 15 – Zukunfts-Irrtümer – Teil 1. Wie wir
über das Morgen irren. https://www.horx.com/zukunfts-irr-
tuemer-teil-1/ (Zugriff: 21.06.2022).

Horx, Tristan (2021). Unsere fucking Zukunft. Warum wir für den
Wandel rebellieren müssen. Köln: Quadriga.

Initiative D21 (2021). Digital Skills Gap. So (unterschiedlich) digital kompetent ist die Bevölkerung. Eine Sonderstudie zum D21-Digital-Index 2020/2021. https://initiatived21.de/app/uploads/2021/08/digital-skills-gap_so-unterschiedlich-digital-kompetent-ist-die-deutsche-bevlkerung.pdf#page=27 (Zugriff: 22.06.2022).

Kondō, Marie (2013). Magic Cleaning – wie richtiges Aufräumen Ihr Leben verändert. Reinbek bei Hamburg: Rowohlt.

Kreye, Andrian (2018). Führende Forscher warnen vor künstlicher Intelligenz. Süddeutsche Zeitung, 22.02.2018. https://www.sueddeutsche.de/digital/technologie-fuehrende-forscher-warnen-vor-kuenstlicher-intelligenz-1.3878669 (Zugriff: 17.06.2022).

Kugel, Janina (2021). It's now: Leben, führen, arbeiten. Wir kennen die Regeln, jetzt ändern wir sie. München: Ariston.

Kühner, Stefan (2020). Neue Technik, neue Wirtschaft, neue Arbeit? Digitalisierung, künstliche Intelligenz, Industrie 4.0. Köln: PapyRossa Verlag.

Kursawe, Marius (2019). Berge versetzen für Anfänger. Mach doch endlich, was du willst! Frankfurt a. M.: Campus.

Maslow, Abraham H. (1943/2018). Motivation und Persönlichkeit (15. Aufl.). Reinbek bei Hamburg: Rowohlt.

Maslow, Abraham H., Geiger, Henry, Maslow, Bertha G. (1971). The farther reaches of human nature (Compass). New York, NY: Viking Press.

McKinsey & Company (2021). Umbruch am Arbeitsmarkt – bis 2030 droht bis zu vier Millionen Deutschen Jobwechsel. Pressemeldung vom 18.02.2021. https://www.mckinsey.de/news/presse/mckinsey-global-institute-future-of-work-after-covid-19 (Zugriff: 22.06.2022).

Mogi, Ken'ichirō (2018). Ikigai. Die japanische Lebenskunst. Köln: DuMont-Buchverlag.

Navidi, Sandra (2021). Das Future-Proof-Mindset. Die vier essenziellen Regeln für Ihren Erfolg im Zeitalter der künstlichen Intelligenz. München: FinanzBuch Verlag.

Ogette, Tupoka (2018). exit RACISM. Rassismuskritisch denken lernen. Münster: UNRAST.

Passmann, Sophie (2019). Alte weiße Männer. Ein Schlichtungsversuch. Köln: Kiepenheuer & Witsch.

Pechstein, Arndt (2021). Hybrid Thinking. Zukunft neu denken in Zeiten exponentiellen Wandels. In Peter Spiegel (Hrsg.), Future Skills. 30 zukunftsentscheidende Kompetenzen und wie wir sie lernen können (S. 20–27). München: Vahlen.

Plickert, Philip (2021). Marlboro-Hersteller kauft Spezialisten für Lungenkrankheiten. Neue Philip-Morris-Strategie. FAZ. NET, 11.07.2021. https://www.faz.net/aktuell/wirtschaft/unternehmen/philip-morris-kauft-spezialisten-fuer-lungenkrankheiten-17432494.html (Zugriff: 21.06.2022).

Reiche, Lutz (2021). Philip Morris-Chef Jacek Olczak. Marlboro-Hersteller träumt von einer »Welt ohne Zigaretten«. Manager Magazin, 26.07.2021. https://www.manager-magazin.de/unternehmen/handel/wandel-zum-gesundheitskonzern-tabak-riese-philipp-morris-will-sich-von-der-zigarette-verabschieden-a-5c844955-5130-401d-96c8-55617ae70925 (Zugriff: 21.06.2022).

Reiss, Steven (2009). Das Reiss Profile: Die 16 Lebensmotive. Welche Werte und Bedürfnisse unserem Verhalten zugrunde liegen. Offenbach: Gabal.

Rinke, Kuno (2020). Grundeinkommen: Finanzierungskonzepte und Modellversuche. Bundeszentrale für politische Bildung, 03.08.2020. https://www.bpb.de/themen/arbeit/arbeitsmarktpolitik/316925/grundeinkommen-finanzierungskonzepte-und-modellversuche/ (Zugriff: 21.06.2022).

Rogers, Carl (1983). Die klientenzentrierte Gesprächspsychotherapie (4. Aufl.). Frankfurt a. M.: Fischer Taschenbuch Verlag.

Rothgang, Heinz, Müller, Rolf, Unger, Rainer (2022). Themenreport »Pflege 2030«. Was ist zu erwarten – was ist zu tun? Gütersloh: Bertelsmann Stiftung. https://www.bertelsmann-stiftung.de/fileadmin/files/BSt/Publikationen/GrauePublikationen/GP_Themenreport_Pflege_2030.pdf (Zugriff: 02.06.2022).

Rudolph, Udo (2013). Motivationspsychologie kompakt (3., vollst. überarb. Aufl.). Weinheim/Basel: Beltz.

Rudschies, Wolfgang, Kroher, Thomas (2022). Autonomes Fahren: So fahren wir in Zukunft. ADAC, 30.05.2022. https://www.adac.de/rund-ums-fahrzeug/ausstattung-technik-zubehoer/autonomes-fahren/technik-vernetzung/aktuelle-technik/ (Zugriff: 21.06.2022).

Rügenwalder Mühle (2022). Weiter dynamischer Wachstumskurs trotz Herausforderungen: Rügenwalder Mühle legt starke Zahlen vor und baut Marktführerschaft aus – neuer Standort legt Grundstein für weiteres Wachstum. Pressebericht, 02.05.2022. https://www.ruegenwalder.de/medien-und-social-media/2022/ruegenwalder-muehle-legt-starke-zahlen-vor-und-baut-marktfuehrerschaft-aus (Zugriff: 21.06.2022).

Schäfer, Kristina Antonia (2019). Die Wohlstands-Illusion. Global Wealth Report 2019. Wirtschaftswoche, 22.10.2019. https://www.wiwo.de/finanzen/vorsorge/global-wealth-report-2019-die-wohlstands-illusion/25141460.html, zuletzt abgerufen am 10.01.2021 (Zugriff: 02.06.2022).

Schnell, Tatjana (2016). Psychologie des Lebenssinns. Berlin/Heidelberg: Springer.

Schmidt, Manfred G. (2010). Wörterbuch zur Politik (3., überarb. u. aktual. Aufl.). Stuttgart: Kröner.

Schultz, Stefan (2017). Geisel verpasster Erfolge. Kodak-Pleite. Spiegel.de, 19.01.2017. https://www.spiegel.de/wirtschaft/unternehmen/kodak-pleite-geisel-verblasster-erfolge-a-810016.html (Zugriff: 22.06.2022).

Schulz von Thun, Friedemann (1998). Miteinander reden 3 – Das »Innere Team« und situationsgerechte Kommunikation. Reinbek bei Hamburg: Rowohlt.

Seligman, Martin E. P. (2012). Flourish – wie Menschen aufblühen. Die positive Psychologie des gelingenden Lebens. München: Kösel.

Sinek, Simon (2014). Frag immer erst: warum. Wie Top-Firmen und Führungskräfte zum Erfolg inspirieren. München: Redline.

Sinek, Simon (2013). People don't buy what you do people buy why you do it. TED Talk. https://www.youtube.com/watch?v=UedER610Uy4 (Zugriff: 23.06.2022).

Sinek, Simon (2009). Start with why. How great leaders inspire everyone to take action. New York: Penguin.

Statista (2022). Anzahl der Bachelor- und Masterstudiengänge und aller übrigen Studiengänge in Deutschland im Wintersemester 2021/2022 nach Bundesländern. https://de.statista.com/statistik/daten/studie/2854/umfrage/bachelor-und-master-studiengaenge-in-den-einzelnen-bundeslaendern/ (Zugriff: 23.06.2022).

Statista (2022). Arbeitsunfähigkeitsfälle aufgrund von Burn-out-Erkrankungen in Deutschland in den Jahren 2004 bis 2019. https://de.statista.com/statistik/daten/studie/239872/umfrage/arbeitsunfaehigkeitsfaelle-aufgrund-von-burn-out-erkrankungen/ (Zugriff: 29.08.2022).

Statista (2022). CO_2-Emissionen: Größte Länder nach Anteil am weltweiten CO_2-Ausstoß im Jahr 2020. https://de.statista.com/statistik/daten/studie/179260/umfrage/die-zehn-groessten-co2-emittenten-weltweit/ (Zugriff: 30.05.2022).

Statista (2022). Entwicklung der Gesamtzahl der anerkannten oder als anerkannt geltenden Ausbildungsberufe in Deutschland von 1971 bis 2020. https://de.statista.com/statistik/daten/studie/156901/umfrage/ausbildungsberufe-in-deutschland/ (Zugriff: 23.06.2022).

Statista (2022). Personen in Deutschland, die sich selbst als Veganer einordnen oder als Leute, die weitgehend auf tierische Produkte verzichten, in den Jahren 2015 bis 2021. https://de.statista.com/statistik/daten/studie/445155/umfrage/umfrage-in-deutschland-zur-anzahl-der-veganer/ (Zugriff: 31.05.2022).

Statista (2022). Welche Eigenschaften treffen Ihrer Meinung nach auf Angela Merkel zu? (Vergleich 2013 und 2021). https://de.statista.com/statistik/daten/studie/182210/umfrage/ansichten-ueber-eigenschaften-von-angela-merkel/ (Zugriff: 30.05.2021).

Strelecky, John (2013). The big five for life: Leadership's greatest secret. Was wirklich zählt im Leben. München: dtv.

Studis online (2022). Alternative Zugänge zum Medizinstudium und Quote Öffentlicher Gesundheitsdienst. https://www.studis-online.de/studium/medizin/nc/landarztquote-oegd.php (Zugriff: 02.06.2022).

Suhr, Frauke (2016). Millennials arbeiten oft in befristeten Verträgen. Staista, 14.12.2016. https://de.statista.com/infografik/7206/befristete-arbeit-unter-jungen-menschen/ (Zugriff: 21.07.2022).

SWR 2 (2011).»Innere Freiheit oder Die Möglichkeit zwischen Reiz und Reaktion«, Sendung vom 01.12.2011. Autorin: P. Mallwitz. http://docplayer.org/33372995-Suedwestrundfunk-swr2-leben-manuskriptdienst-innere-freiheit-oder-die-moeglichkeiten-zwischen-reiz-und-reaktion.html (Zugriff: 19.11.2021).

Thurau, Jens, Hofmann, Max (2021). DW-Exklusiv-Interview: Angela Merkel zieht Bilanz ihrer Amtszeit. https://www.dw.com/de/dw-exklusiv-interview-angela-merkel-zieht-bilanz-ihrer-amtszeit/a-59735212 (Zugriff 02.06.2022).

Ulrich, Eberhard (2011). Arbeitspsychologie (7., neu überarb. und erw. Aufl.). Stuttgart: Schäffer-Poeschel.

Völlinger, Veronika (2016). Frauen mit Kopftuch müssen deutlich mehr Bewerbungen schreiben. ZEIT online, 20.09.2016. https://www.zeit.de/gesellschaft/zeitgeschehen/2016-09/arbeitsmarkt-kopftuch-musliminnen-bewerbung-diskriminierung-studie (Zugriff: 17.06.2022).

Wason, Peter (1968). Reasoning about a rule. Quarterly Journal of Experimental Psychology, 20, 273–281.

WHR (2021). The World Happiness Report. https://worldhappi-ness.report/ed/2021/ (Zugriff: 27.06.2022).

Winnemuth, Meike (2013). Das große Los. Wie ich bei Günther Jauch eine halbe Million gewann und einfach losfuhr. München: Knaus.

Wiswede, Günter (2021). Einführung in die Wirtschaftspsychologie (6. Aufl.). München: Ernst Reinhardt.

Wößmann, Ludger (2015). Die volkswirtschaftliche Bedeutung von Bildung. Bundeszentrale für politische Bildung, 22.01.2015. www.bpb.de/themen/bildung/dossier-bildung/199450/die-volkswirtschaftliche-bedeutung-von-bildung/ (Zugriff: 21.07.2022).

ZEIT online (2022). Ärzteschaft besorgt über drohende »Baby-Boomer«-Lücke (27.05.2022). https://www.zeit.de/news/2022–05/27/aerztepraesident-zukunftsangst-und-verein-samung-bei-kindern (Zugriff: 02.06.2022).

Zukunftsinstitut (o.J.). Die Megatrend-Map. https://www.zukunfts-institut.de/artikel/die-megatrend-map/ (Zugriff: 30.05.2022).

Zukunftsinstitut (o.J.). Megatrend Wissenskultur. https://www.zukunftsinstitut.de/dossier/megatrend-wissenskultur/?utm_term=wissenskultur&utm_campaign=Generic+%7C+-Megatrends+(Search)&utm_source=adwords&utm_medi-um=ppc&hsa_acc=9538789204&hsa_cam=263867415&hsa_grp=37923767502&hsa_ad=383738952871&hsa_src=g&hsa_tgt=aud-75323632815:kwd-300628855363&hsa_kw=wissens-kultur&hsa_mt=e&hsa_net=adwords&hsa_ver=3&gclid=EAI-aIQobChMIjoOA9rqO-AIVSI1oCR2TGwuBEAAYASAAEgKT-WPD_BwE (Zugriff: 02.06.2022).

Zylbersztajn-Lewandowski, Daniel (2021). Brexit Blues. Fehlende LKW-Fahrer in Großbritannien. Taz.de, 18.10.2021. https://taz.de/Fehlende-LKW-Fahrer-in-Grossbritannien/!5805872/ (Zugriff: 17.06.2022).

Literaturempfehlungen

André, Christophe, Kabatt-Zinn, Jon, Rabhi, Pierre, Ricard, Matthieu (2014). Wer sich verändert, verändert die Welt. München: Kösel.

Busch-Holfelder, Katrin (2020). Zukunftsfähig im Job. Chancen erkennen und gelassen in die neue Arbeitswelt starten. Offenbach: Gabal.

Frischmuth, Carlos (2021). New Work Bullshit. Was wirklich zählt in der Arbeitswelt. Frankfurt a. M.: Frankfurter Allgemeine Buch.

Herzog, Lisa (2019). Die Rettung der Arbeit. Ein politischer Aufruf (2. Aufl.). Berlin: Hanser.

Janssen, Bodo (2016). Die stille Revolution. Führen mit Sinn und Menschlichkeit (2. Aufl.). München: Ariston.

Kötter, Robert, Kursawe, Marius (2015). Design your life. Dein ganz persönlicher Workshop für Leben und Traumjob! Frankfurt a. M.: Campus.

Kuhnhenn, Kai, Pinnow, Anne, Schmelzer, Matthias, Treu, Nina (2020). Zukunft für alle. Eine Vision für 2048: gerecht, ökologisch, machbar. Hrsg. v. Konzeptwerk Neue Ökonomie. München: Oekom.

Lewrick, Michael, Thommen, Jean Paul (2019). Das Design your Future Playbook. Veränderungen anstoßen, Selbstwirksamkeit stärken, Wohlbefinden steigern. München: Vahlen.

Neubauer, Luisa, Ulrich, Bernd (2021). Noch haben wir die Wahl. Ein Gespräch über Freiheit, Ökologie und den Konflikt der Generationen. Stuttgart: Tropen.

Precht, Richard David (2022). Freiheit für alle. Das Ende der Arbeit wie wir sie kannten. München: Goldmann.

Rose, Nico (2020). Führen mit Sinn. Wie Sie die Führungskraft werden, die Sie sich früher immer gewünscht haben. Stuttgart: Haufe.

Rose, Nico (2019). Arbeit besser machen. Positive Psychologie für Personalarbeit und Führung. Stuttgart: Haufe.

Schnell, Anna, Schnell, Nils (2021). Die Modern-Work-Tour. Eine Weltreise in die Zukunft unserer Arbeit. Offenbach: Gabal.

Anmerkungen

1 Kugel, Janina (2021). It's now: Leben, führen, arbeiten. Wir kennen die Regeln, jetzt ändern wir sie. München: Ariston.

2 Gallup (2021). Engagement Index Deutschland 2021. https://www.gallup.com/de/ engagement-index-deutschland.aspx?elqTrackId=d2630c-1c7c714aa1a9dda0aee53fae14&elq=73d076188b44433e96d-bbb455add1d6e&elqaid=5250&elqat=1&elqCampaignId= (Zugriff: 27.06.2022).

3 Maslow, Abraham H. (1943/2018). Motivation und Persönlichkeit (15. Aufl.). Reinbek bei Hamburg: Rowohlt.

4 Maslow, Abraham H., Geiger, Henry, Maslow, Bertha G. (1971). The farther reaches of human nature (Compass). New York, NY: Viking Press.

5 Kondō, Marie (2013). Magic Cleaning – wie richtiges Aufräumen Ihr Leben verändert. Reinbek bei Hamburg: Rowohlt.

6 Bitzer, Andrea Juliane (2021). Green Rebels. Frauen und ihr Traum von einer besseren Welt. Hamburg: HarperCollins. S. 9

7 Gründerplattform (2022). https://gruenderplattform.de/ green-economy/ecopreneurin (Zugriff: 27.06.2022).

8 Jamais Cascio (2020). Facing the age of chaos. https:// medium.com/@cascio/facing-the-age-of-chaos-b00687b1f51d (Zugriff am 25.05.2022).

9 Wikipedia (2022). Krise. Zugriff am 30.05.2022 unter https://de.wikipedia.org/wiki/Krise. Der Artikel rekuriert in der zitierten Stelle auf: Manfred G. Schmidt (2010). Wörterbuch zur Politik (3., überarb. u. aktual. Aufl.). Stuttgart: Kröner. S. 443 f.

10 Statista (2022). CO2-Emissionen: Größte Länder nach Anteil am weltweiten CO2-Ausstoß im Jahr 2020. https://

de.statista.com/statistik/daten/studie/179260/umfrage/
die-zehn-groessten-co2-emittenten-weltweit/ (Zugriff:
30.05.2022).

11   Statista (2022). Welche Eigenschaften treffen Ihrer Mei-
     nung nach auf Angela Merkel zu? (Vergleich 2013 und 2021).
     https://de.statista.com/statistik/daten/studie/182210/
     umfrage/ansichten-ueber-eigenschaften-von-angela-mer-
     kel/ (Zugriff: 30.05.2021).

12   Zukunftsinstitut (o. J.). Die Megatrend-Map. https://www.
     zukunftsinstitut.de/artikel/die-megatrend-map/ (Zugriff:
     30.05.2022).

13   Destatis (2021). Anteil von Menschen im Rentenalter, die
     erwerbstätig sind, hat sich binnen 10 Jahren verdoppelt.
     Pressemitteilung Nr. N 041 vom 24. Juni 2021. https://
     www.destatis.de/DE/Presse/Pressemitteilungen/2021/06/
     PD21_N041_12.html (Zugriff: 30.05.2022).

14   Heuberger, Sarah (2020). Keine Änderung in Sicht – die
     Startup-Szene bleibt männlich. https://www.businessinsi-
     der.de/gruenderszene/business/female-founders-monitor/
     (Zugriff: 30.05.2022).

15   https://pinkygloves.de (Zugriff: 15.12.2021).

16   Zukunftsinstitut (o. J.). Neo-Ökologie: Die Märkte werden
     grün. https://www.zukunftsinstitut.de/artikel/neo-oekolo-
     gie-die-maerkte-werden-gruen/ (Zugriff: 31.05.2022).

17   Vgl. Bundesministerium für Ernährung und Land-
     wirtschaft (2022). Lebensmittelabfälle in Deutschland:
     Aktuelle Zahlen zur Höhe der Lebensmittelabfälle nach
     Sektoren. https://www.bmel.de/DE/themen/ernaehrung/
     lebensmittelverschwendung/studie-lebensmittelabfael-
     le-deutschland.html (Zugriff: 21.07.2022).

18   »Seaspiracy« ist ein unter der Regie von Ali Tabrizi enstan-
     dener US-amerikanischer Dokumentarfilm aus dem Jahr
     2021, der von Kip Andersen produziert wurde und die
     ökologischen Folgen des globalen Fischfangs thematisiert.

2014 produzierte Andersen gemeinsam mit Keegan Kuhn bereits den Dokumentarfilm »Cowspiracy: The Sustainability Secret«, bei dem beide auch Regie führten. Hier stehen die Auswirkungen der Viehwirtschaft auf die Umwelt im Mittelpunkt. Die weltweite Fleisch- und Fischindustrie wird als wesentlichste Größe bei den die Umwelt und das Klima schädigenden Treibhausgasen erkannt.

19   Statista (2022). Personen in Deutschland, die sich selbst als Veganer einordnen oder als Leute, die weitgehend auf tierische Produkte verzichten, in den Jahren 2015 bis 2021. https://de.statista.com/statistik/daten/studie/445155/ umfrage/umfrage-in-deutschland-zur-anzahl-der-veganer/ (Zugriff: 31.05.2022).

20   https://www.share.eu/about/ (Zugriff:31.05.2022).

21   Thurau, Jens, Hofmann, Max (2021). DW-Exklusiv-Interview: Angela Merkel zieht Bilanz ihrer Amtszeit. https:// www.dw.com/de/dw-exklusiv-interview-angela-merkel-zieht-bilanz-ihrer-amtszeit/a-59735212 (Zugriff: 02.06.2022).

22   Gabriel, Sigmar (2018). Zeitenwende in der Weltpolitik. Mehr Verantwortung in ungewissen Zeiten. Freiburg i. Breisgau: Herder. S. 57.

23   Hielscher, Henryk, Steinkirchner, Peter, Kiani-Kreß, Rüdiger (2020). Image in Gefahr. Für diese Unternehmen wurde Corona zum Charaktertest. Wirtschaftswoche, 17.12.2020. https://www.wiwo.de/unternehmen/dienstleister/ image-in-gefahr-fuer-diese-unternehmen-wurde-corona-zum-charaktertest/26727698.html (Zugriff: 02.06.2022).

24   Zukunftsinstitut (o.J.). Megatrend Wissenskultur. https://www.zukunftsinstitut.de/dossier/megatrend-wissenskultur/?utm_term=wissenskultur&utm_campaign=Generic+%7C+Megatrends+(Search)&utm_source=adwords&utm_medium=ppc&hsa_acc=9538789204&hsa_cam=263867415&hsa_grp=37923767502&hsa_

ad=383738952871&hsa_src=g&hsa_tgt=aud-75323632815:kwd-300628855363&hsa_kw=wissenskultur&hsa_mt=e&hsa_net=adwords&hsa_ver=3&gclid=EAIaIQobChMIj0OA9rqO-AIVSI10CR2TGwuBEAAYASAAEgKTWPD_BwE (Zugriff: 02.06.2022).

25 ZEIT online (2022). Ärzteschaft besorgt über drohende »Baby-Boomer«-Lücke (27.05.2022). https://www.zeit.de/news/2022-05/27/aerztepraesident-zukunftsangst-und-vereinsamung-bei-kindern (Zugriff: 02.06.2022).

26 Studis online (2022). Alternative Zugänge zum Medizinstudium und Quote Öffentlicher Gesundheitsdienst. https://www.studis-online.de/studium/medizin/nc/landarztquote-oegd.php (Zugriff: 02.06.2022).

27 Handelsblatt (2021). In diesen Städten sind die Mieten pro Quadratmeter am höchsten (28.04.2021). https://www.handelsblatt.com/finanzen/immobilien/mietpreise-in-deutschland-in-diesen-staedten-sind-die-mieten-pro-quadratmeter-am-hoechsten/25430390.html?ticket=ST-7028795-gN2Z91xW4iMLbsUi3lvi-cas01.example.org (Zugriff: 02.06.2022).

28 Schäfer, Kristina Antonia (2019). Die Wohlstands-Illusion. Global Wealth Report 2019. Wirtschaftswoche, 22.10.2019. https://www.wiwo.de/finanzen/vorsorge/global-wealth-report-2019-die-wohlstands-illusion/25141460.html (Zugriff: 02.06.2022).

29 Suhr, Frauke (2016). Millennials arbeiten oft in befristeten Verträgen. Statista, 14.12.2016. https://de.statista.com/infografik/7206/befristete-arbeit-unter-jungen-menschen/ (Zugriff: 21.07.2022).

30 Vgl. Flecker, Jörg (2017). Arbeit und Beschäftigung. Eine soziologische Einführung. Wien: facultas. S. 97.

31 Gallup (2021). Engagement Index Deutschland 2021. https://www.gallup.com/de/engagement-index-deutschland.aspx?elqTrackId=d2630c1c7c714aa1a9d-

da0aee53fae14&elq=73d076188b44433e96dbbb455add 1d6e&elqaid=5250&elqat=1&elqCampaignId= (Zugriff: 24.05.2022).

32 Rothgang, Heinz, Müller, Rolf, Unger, Rainer (2022). Themenreport »Pflege 2030«. Was ist zu erwarten – was ist zu tun? Gütersloh: Bertelsmann Stiftung. https://www.bertelsmann-stiftung.de/fileadmin/files/BSt/Publikationen/GrauePublikationen/GP_Themenreport_Pflege_2030.pdf (Zugriff: 02.06.2022).

33 Zylbersztajn-Lewandowski, Daniel (2021). Brexit Blues. Fehlende LKW-Fahrer in Großbritannien. Taz.de, 18.10.2021. https://taz.de/Fehlende-LKW-Fahrer-in-Grossbritannien/!5805872/ (Zugriff: 17.06.2022).

34 Hecking, Mirjam (2021). Deutschland fällt in Digital-Ranking auf vorletzten Platz Europas. Manager Magazin, 02.09.2021. https://www.manager-magazin.de/politik/digitalisierung-deutschland-in-ranking-auf-vorletztem-platz-in-europa-a-f0a7ef16-8903-4d9a-90c8-f72d732b8b9c (Zugriff: 17.06.2022).

35 Eine Projektgruppe mit Fachleuten der Universitäten Stanford, Yale, Oxford und Tohoku sowie mit Entwickler*innen von Microsoft, Google und dessen Tochterfirma, des momentan führenden KI-Unternehmens DeepMind, fordert in einer Veröffentlichung ein Moratorium für dieWeiterentwicklung künstlicher Intelligenz. Vgl. Kreye, Andrian (2018). Führende Forscher warnen vor künstlicher Intelligenz. Süddeutsche Zeitung, 22.02.2018. https://www.sueddeutsche.de/digital/technologie-fuehrende-forscher-warnen-vor-kuenstlicher-intelligenz-1.3878669 (Zugriff: 17.06.2022).

36 Die NGO AllRise zeigte den brasilianischen Präsidenten Jair Bolsonaro im Oktober 2021 beim Internationalen Strafgerichtshof wegen Verbrechen gegen die Menschlichkeit an, weil seine Politik die Zerstörung des Regenwaldes weiter

vorantreibe und er damit nicht nur das Leben der Bevölkerung vor Ort bedrohe, sondern weltweit die Folgen des Klimawandels weiter befeuere – mit fatalen Auswirkungen für alle Menschen. Vgl. Böhm, Andrea (2021). Der Planet vs. Bolsonaro. Eine Kolumne von Andrea Böhm. ZEIT online, 14.10.2021. https://www.zeit.de/politik/ausland/2021-10/brasilien-jair-bolsonaro-istgh-anzeige-allrise-amazonas-abholzung-klimaschutz (Zugriff: 17.06.2022).

37 Passmann, Sophie (2019). Alte weiße Männer. Ein Schlichtungsversuch. Köln: Kiepenheuer & Witsch.

38 Horx, Tristan (2021). Unsere fucking Zukunft. Warum wir für den Wandel rebellieren müssen. Köln: Quadriga. S. 70.

39 Völlinger, Veronika (2016). Frauen mit Kopftuch müssen deutlich mehr Bewerbungen schreiben. ZEIT online, 20.09.2016. https://www.zeit.de/gesellschaft/zeitgeschehen/2016-09/arbeitsmarkt-kopftuch-musliminnen-bewerbung-diskriminierung-studie (Zugriff: 17.06.2022).

40 Statista (2022). Arbeitsunfähigkeitsfälle aufgrund von Burn-out-Erkrankungen* in Deutschland in den Jahren 2004 bis 2019. https://de.statista.com/statistik/daten/studie/239872/umfrage/arbeitsunfaehigkeitsfaelle-aufgrund-von-burn-out-erkrankungen/ (Zugriff: 20.06.2022).

41 Statista (2022). Eckzahlen zum Arbeitsmarkt, Deutschland. https://www.destatis.de/DE/Themen/Arbeit/Arbeitsmarkt/Erwerbstaetigkeit/Tabellen/eckwerttabelle.html;jsessionid=0AB3E16856446386BF0225D47C2186FF.live741 (Zugriff:20.06.2022).

42 Der Begriff »Bullshit-Job« stammt vom US-amerikanischen Ethnologen und Wirtschaftsprofessor David Graeber. Bullshit-Jobs erbringen keinen gesellschaftlichen Nutzen, sind lediglich selbstreferenziell und werden auch von den Menschen, die sie ausüben, als absolut überflüssig erachtet, was bei ihnen zu psychischen Problemen

führt, weil sie eigentlich Fake Work nachgehen. Es gibt
Bullshit-Jobs, weil es gesellschaftlich anerkannter ist,
sinnloser Erwerbstätigkeit nachzugehen als gar keiner.
Vgl. Graeber, David (2018). Bullshit Jobs. Vom wahren Sinn
der Arbeit. Stuttgart: Klett-Cotta.

43 Kühner, Stefan (2020). Neue Technik, neue Wirtschaft,
neue Arbeit? Digitalisierung, künstliche Intelligenz,
Industrie 4.0. Köln: PapyRossa Verlag. S. 102.

44 Vgl. Ulrich, Eberhard (2011). Arbeitspsychologie (7., neu
überarb. und erw. Aufl.). Stuttgart: Schäffer-Poeschel.

45 Vgl. Schnell, Tatjana (2016). Psychologie des Lebenssinns.
Berlin/Heidelberg: Springer. S. 27.

46 Seligman, Martin E. P. (2012). Flourish – wie Menschen
aufblühen. Die positive Psychologie des gelingenden
Lebens. München: Kösel.

47 Vgl. Bregman, Rutger (2017). Utopien für Realisten. Die
Zeit ist reif für die 15-Stunden-Woche, offene Grenzen und
das bedingungslose Grundeinkommen. Reinbek bei Hamburg: Rowohlt.

48 https://www.antidiskriminierungsstelle.de/DE/
ueber-diskriminierung/lebensbereiche/arbeitsleben/
gleichbehandlung-der-geschlechter/gleichbehand-
lung-der-geschlechter-node.html (Zugriff: 20.06.2022).

49 Rügenwalder Mühle (2022). Weiter dynamischer Wachstumskurs trotz Herausforderungen: Rügenwalder Mühle
legt starke Zahlen vor und baut Marktführerschaft aus –
neuer Standort legt Grundstein für weiteres Wachstum.
Pressebericht, 02.05.2022. https://www.ruegenwalder.de/
medien-und-social-media/2022/ruegenwalder-muehle-
legt-starke-zahlen-vor-und-baut-marktfuehrerschaft-aus
(Zugriff: 21.06.2022).

50 Reiche, Lutz (2021). Philip Morris-Chef Jacek Olczak.
Marlboro-Hersteller träumt von einer »Welt ohne
Zigaretten«. Manager Magazin, 26.07.2021. https://

www.manager-magazin.de/unternehmen/handel/wandel-zum-gesundheitskonzern-tabak-riese-philipp-morris-will-sich-von-der-zigarette-verabschieden-a-5c844955-5130-401d-96c8-55617ae70925 (Zugriff: 21.06.2022).

51 Vgl. Plickert, Philip (2021). Marlboro-Hersteller kauft Spezialisten für Lungenkrankheiten. Neue Philip-Morris-Strategie. FAZ.NET, 11.07.2021. https://www.faz.net/aktuell/wirtschaft/unternehmen/philip-morris-kauft-spezialisten-fuer-lungenkrankheiten-17432494.html (Zugriff: 21.06.2022).

52 Berger, Roland (2018). Das Prinzip »Purpose«. Unternehmen brauchen einen Sinn, 09.07.2018. https://www.rolandberger.com/de/Insights/Publications/Das-Prinzip-Purpose.html (Zugriff: 21.06.2022).

53 https://www.linkedin.com/feed/update/urn:li:activity:6878719392255926273/ (Zugriff: 08.01.22).

54 Dieser Slogan sorgte damals mit dafür, das vom sozialdemokratischen Verkehrsminister vorgesehene Tempolimit zu kippen.

55 Vgl. Rudschies, Wolfgang, Kroher, Thomas (2022). Autonomes Fahren: So fahren wir in Zukunft. ADAC, 30.05.2022. https://www.adac.de/rund-ums-fahrzeug/ausstattung-technik-zubehoer/autonomes-fahren/technik-vernetzung/aktuelle-technik/ (Zugriff: 21.06.2022).

56 Horx, Matthias (2017). 15 – Zukunfts-Irrtümer – Teil 1. Wie wir über das Morgen irren. https://www.horx.com/zukunfts-irrtuemer-teil-1/ (Zugriff: 21.06.2022).

57 Vgl. Pechstein, Arndt (2021). Hybrid Thinking. Zukunft neu denken in Zeiten exponentiellen Wandels. In Peter Spiegel (Hrsg.), Future Skills. 30 zukunftsentscheidende Kompetenzen und wie wir sie lernen können (S. 20–27). München: Vahlen.

58 Dettling, Daniel (2021). Eine bessere Zukunft ist möglich. Ideen für die Welt von morgen. München: Kösel. S. 17.

59 »Workation« ist ein künstlich geschaffener Begriff, der aus den englischen Worten »work« (Arbeit) und »vacation« (Urlaub) zusammengesetzt ist. Workation verbindet Arbeit und Urlaub miteinander: »Arbeit und Urlaub finden im Wechsel statt und werden zusammen mit Gleichgesinnten erlebt und durchgeführt. Konkret bedeutet dies, dass man mit Personen, die das gleiche Ziel einer Workation vereint, einen Urlaub in einer gemeinsamen Unterkunft im In- oder Ausland bucht, und dort sich dann Arbeit (allein oder im Team), Workshops und gemeinsame Erlebnisse/ Ausflüge etc. abwechseln.« Eschli, Ingmar, Benne, Elmar (2022). Was ist eine Workation? https://www.workation.de/ was-ist-eine-workation/ (Zugriff: 29.06.2022).

60 Rinke, Kuno (2020). Grundeinkommen: Finanzierungskonzepte und Modellversuche. Bundeszentrale für politische Bildung, 03.08.2020. https://www.bpb.de/ themen/arbeit/arbeitsmarktpolitik/316925/grundeinkommen-finanzierungskonzepte-und-modellversuche/ (Zugriff: 21.06.2022).

61 Weber, Frank, Berendt, Joachim (2017). Erfolgsfaktor: Veränderungsfähigkeit. Krisenfest in Zeiten des Umbruchs. Wiesbaden: Springler Gabler.

62 Gartner, Hermann, Stüber, Heiko (2019). Strukturwandel am Arbeitsmarkt seit den 70er Jahren. Arbeitsplatzverluste werden durch neue Arbeitsplätze immer wieder ausgeglichen. IAB-Kurzbericht - Aktuelle Analysen aus dem Institut für Arbeitsmarkt- und Berufsforschung, 13/2019. https://doku.iab.de/kurzber/2019/kb1319.pdf (Zugriff: 22.06.2022).

63 McKinsey & Company (2021). Umbruch am Arbeitsmarkt – bis 2030 droht bis zu vier Millionen Deutschen Jobwechsel. Pressemeldung vom 18.02.2021. https://www.mckinsey.de/

news/presse/mckinsey-global-institute-future-of-work-after-covid-19 (Zugriff: 22.06.2022).

64 Zit. n.: Wößmann, Ludger (2015). Die volkswirtschaftliche Bedeutung von Bildung. Bundeszentrale für politische Bildung, 22.01.2015. www.bpb.de/themen/bildung/dossier-bildung/199450/die-volkswirtschaftliche-bedeutung-von-bildung/ (Zugriff: 21.07.2022).

65 Initiative D21 (2021). Digital Skills Gap. So (unterschiedlich) digital kompetent ist die Bevölkerung. Eine Sonderstudie zum D21-Digital-Index 2020/2021. S. 27. https://initiatived21.de/app/uploads/2021/08/digital-skills-gap_so-unterschiedlich-digital-kompetent-ist-die-deutsche-bevlkerung.pdf#page=27 (Zugriff: 22.06.2022).

66 Ogette, Tupoka (2018). exit RACISM. Rassismuskritisch denken lernen. Münster: UNRAST.

67 Rogers, Carl (1983). Die klientenzentrierte Gesprächspsychotherapie (4. Aufl.). Frankfurt a. M.: Fischer Taschenbuch Verlag.

68 Die dem Psychologen Viktor E. Frankl zugeschriebene Aussage besagt, dass zwischen Reiz und Reaktion die Freiheit liege: »Zwischen Reiz und Reaktion liegt ein Raum. In diesem Raum liegt unsere Macht zur Wahl unserer Reaktion. In unserer Reaktion liegt unsere Entwicklung und unsere Freiheit.« Für diese Formulierung gibt es allerdings keinen Beleg. Quelle: SWR 2 (2011). »Innere Freiheit oder Die Möglichkeit zwischen Reiz und Reaktion«, Sendung vom 01.12.2011. Autorin: P. Mallwitz. http://docplayer.org/33372995-Suedwestrundfunk-swr2-leben-manuskriptdienst-innere-freiheit-oder-die-moeglichkeiten-zwischen-reiz-und-reaktion.html (Zugriff: 19.11.2021).

69 Bock, Petra (2020). Der entstörte Mensch: wie wir uns und die Welt verändern. Warum wir nach dem technischen jetzt den menschlichen Fortschritt brauchen. München: Droemer.

70 Drucker, Peter (1959). Landmarks of tomorrow. A report on the »post-modern« world. New Jersey: Transaction Publishers. S. 48.

71 Bock, Petra (2015). Mindfuck Job. So beenden Sie Selbstblockaden und entfalten Ihr volles berufliches Potenzial. München: Knaur.

72 Wiswede, Günter (2021). Einführung in die Wirtschaftspsychologie (6. Aufl.).München: Ernst Reinhardt.

73 Vgl. Heske, Ralf (2020). 4 Fragen, die alles verändern: Das große Praxisbuch für *The Work* nach *Byron Katie*. München: Gräfe und Unzer.

74 Schultz, Stefan (2017). Geisel verpasster Erfolge. Kodak-Pleite. Spiegel.de, 19.01.2017. https://www.spiegel.de/wirtschaft/unternehmen/kodak-pleite-geisel-verblasster-erfolge-a-810016.html (Zugriff: 22.06.2022).

75 Rudolph, Udo (2013). Motivationspsychologie kompakt (3., vollst. überarb. Aufl.). Weinheim/Basel: Beltz.

76 Statista (2022). Anzahl der Bachelor- und Masterstudiengänge und aller übrigen Studiengänge in Deutschland im Wintersemester 2021/2022 nach Bundesländern. https://de.statista.com/statistik/daten/studie/2854/umfrage/bachelor-und-masterstudiengaenge-in-den-einzelnen-bundeslaendern/ (Zugriff: 23.06.2022).

77 Statista (2022). Entwicklung der Gesamtzahl der anerkannten oder als anerkannt geltenden Ausbildungsberufe in Deutschland von 1971 bis 2020. https://de.statista.com/statistik/daten/studie/156901/umfrage/ausbildungsberufe-in-deutschland/ (Zugriff: 23.06.2022).

78 Navidi, Sandra (2021). Das Future-Proof-Mindset. Die vier essenziellen Regeln für Ihren Erfolg im Zeitalter der künstlichen Intelligenz. München: FinanzBuch Verlag.

79 Curse (2018). Song »Achterbahn/Riesenrad«. Album: Die Farbe von Wasser. Indie Neue Welt (Groove Attack).

80 Sinek, Simon (2009). Start with why. How great leaders inspire everyone to take action. New York: Penguin. Die deutsche Fassung ist fünf Jahre später erschienen: Sinek, Simon (2014). Frag immer erst: warum. Wie Top-Firmen und Führungskräfte zum Erfolg inspirieren. München: Redline.

81 Sinek, Simon (2013). People don't buy what you do people buy why you do it. TED Talk. https://www.youtube.com/watch?v=UedER61oUy4 (Zugriff: 23.06.2022).

82 Reiss, Steven (2009). Das Reiss Profile: Die 16 Lebensmotive. Welche Werte und Bedürfnisse unserem Verhalten zugrunde liegen. Offenbach: Gabal.

83 Csíkszentmihályi, Mihály (2014). Flow im Beruf. Das Geheimnis des Glücks am Arbeitsplatz. Stuttgart: Klett-Cotta.

84 https://www.insights.com/de/produkte/insights-discovery/ (Zugriff: 22.07.2022).

85 Die Internetpräsenz von TARGET ist unter dem folgenden Link zu finden: https://www.target-nehberg.de/de.

86 Wason, Peter (1968). Reasoning about a rule. Quarterly Journal of Experimental Psychology, 20, 273–281.

87 Mogi, Ken'ichirō (2018). Ikigai. Die japanische Lebenskunst. Köln: DuMont-Buchverlag.

88 Kursawe, Marius (2019). Berge versetzen für Anfänger. Mach doch endlich, was du willst! Frankfurt a. M.: Campus.

89 Schulz von Thun, Friedemann (1998). Miteinander reden 3 – Das »Innere Team« und situationsgerechte Kommunikation. Reinbek bei Hamburg: Rowohlt.

90 Der Satz stammt übrigens von Kate Moss.

91 Winnemuth, Meike (2013). Das große Los. Wie ich bei Günther Jauch eine halbe Million gewann und einfach losfuhr. München: Knaus.

92 https://www.greta-silver.de/ueber-mich (Zugriff: 22.07.2022).

93 Strelecky, John (2013). The big five for life: Leadership's greatest secret. Was wirklich zählt im Leben. München: dtv.

94 Der Vers »Und jedem Anfang wohnt ein Zauber inne« stammt aus Hermann Hesses Gedicht »Stufen«.

95 Cohen, Ronald (2021). Impact. Ein neuer Kapitalismus für echte Veränderungen. Kulmbach: Plassen.

96 WHR (2021). The World Happiness Report. https://world-happiness.report/ed/2021/ (Zugriff: 27.06.2022).

97 Horx, Tristan (2021). Unsere fucking Zukunft. Warum wir für den Wandel rebellieren müssen. Köln: Quadriga.

98 Chenoweth, Erica, Stephan, Maria J. (2012). Why civil resistance works. The strategic logic of nonviolent conflict. New York: Columbia University Press.